イマジナリー・ネガティブ

認知科学で読み解く「こころ」の闇

久保(川合)南海子
Kubo-Kawai Namiko

a pilot of wisdom

目次

第一章　「プロジェクション」がもたらす功罪

霊感商法って、つまり宗教なんでしょう？
イマジナリー・アクシデント　オレオレ詐欺：子どもの危機を私が救う
他人を家族と思いこむ「異投射」
「確証バイアス」が作る物語
自分が物語を作り、自分が演じる
「いますぐ！」というプレッシャー
高齢者ならではのこころがオレオレ詐欺に利用される
自分からしている行為でも、自発的とはかぎらない
イマジナリー・コンスピラシー　陰謀論：私だけが真実を知っている
疑問を解消し、最善の説明をする「アブダクション」
アブダクションによって「真実」が仮定される
ヒトだけがする「対称性推論」
対称性推論による因果の誤り
どうしてそうなったのか、納得したい
推論と時間軸

ないことを証明するのは至難の業
誰でもなにかの陰謀論にハマる可能性はある
イマジナリー・ジャスティス　戦争時のプロパガンダ：この殺人は国を守る尊い行為
国家による「騙し」
教育に入りこむプロパガンダ
世界を取り戻すための「デ・プロジェクション」
孤独が作りだすつながりの世界

第三章　無意識のプロジェクションがあなたを悩ませる

どうしてもそう見える
自覚なきプロジェクションは操作しにくい
信じていないけれど感じる幽霊
イマジナリー・ゴースト　事故物件：殺人があった部屋には住みたくない
イマジナリー・コンタミ　魔術的伝染：殺人犯が着ていた服は洗っても着たくない

連想が汚染を伝染させる
風評被害と思いこみ
魔術的伝染における「距離感」とは
イマジナリー・ボディ　摂食障害：私の身体はこうじゃない
認知の偏りとボディ・イメージ
自分の身体は物体でありイメージでもある
イマジナリー・ジェンダー　「男だから／女だから」でもやもやする
自分のなかにあったジェンダーの呪縛
性別役割分業の越境や強調
ジェンダーにまつわる「思いこみ」
「それでいいんだ」という解放
罪悪感もイマジナリー？
個人が内包する社会通念としてのジェンダー規範
イマジナリー・アザーズ　あの人に嫌われるようなことをしてしまったのかも
非合理的な思いこみと精神的な疲労

「気にしすぎ人見知り」は想像上の他者に起こる
イマジナリー・マウント　ホストやメン地下にハマる：私が彼の一番になる
擬似恋愛と競争と
「いま、そこにいない」ライバルたち
それってあなたの思いこみですよね？
自分を解放する「メタ・プロジェクション」

第四章　プロジェクションに取りこまれない――

自分だけの物語を紡ぐ時
『北風と太陽』の旅人は上着を脱いだのか？　脱がされたのか？
曖昧な人間の私
時間を超えた因果にヒトだけが悩む
答えのわからない状態に耐えうる力
プロジェクションで深まる世界

本書では、新書としての読みやすさなどを考慮して、参考文献や資料については本文中ではなく、巻末に一括して記載いたしました。

図版作成／ＭＯＴＨＥＲ

第一章　「プロジェクション」がもたらす功罪

かけがえのないがらくた

私は小さな手鏡を持っています。とても古くてキズだらけのがらくたです。もう四〇年以上も前のこと、物心がつくかつかないかくらいのはるか遠い記憶ですが、たしか親の知人が幼い私にくれたものであったことをおぼえています。たぶん私はそれがたいそう嬉《うれ》しくて、お菓子の空き箱で作った自分の宝箱に大事に入れておきました。高校生になってメガネからコンタクトレンズに変えると、しょっちゅう目が痛くなり、そのたびに鏡を見ることになりました。そこで、引き出しの奥の宝箱からあの手鏡を取りだしてポーチに入れ、それ以来ずっと、小さな手鏡はどこへ行くにも私と一緒です。

少し前のある日、いつものポーチに手鏡がないことに気づきました。これまで一度も失《な》くしたり落としたりしたことがなかったのでかなり狼狽《ろうばい》しました。家のなかや鞄《かばん》など心当たりを探しまくり、職場はもちろん買い物などで行った先のお店や駐車場を探し回り、お店の人にも尋ねましたが、どこにもありません。私はすごく落ちこみましたが、誰にもそれを伝える気持ちにはなれませんでした。なぜなら、あの手鏡のかけがえのなさは私以外の誰にも、とてもわかってもらえないだろうと思ったからです。

機能的に代わりとなる手鏡はごまんとあります。なんだったら新しくしたほうが鏡としてはよっぽど役立ちます。こんながらくたが、なぜ「かけがえのない」ものになるのか？　古くてキズだらけの手鏡に対して、物理的な情報による合理的な説明はまったくできません。ただ、それに対する私の想《おも》いがあるだけです。けれどそれだけで、古くてキズだらけのがらくたは私にとってかけがえのない価値のある手鏡となっているのです。一方で、その想いのない人から見れば、その手鏡はやはり古くてキズだらけのがらくたに違いないのです。

あなたにもそのようなものがありますか？　ずっと大切に使っているもの、懐かしい思い出がよみがえるもの、好きな人からもらったもの、誰かの形見の品など、あらためて自分の周りを見ると、物理的な価値はまったくないけれど、自分にとってだけは、かけがえのない価値のあるものが思いあたるのではないでしょうか。それは、あなたが記憶や感情といった内的な世界を、そこにある物理的な世界に重ね合わせているからです。

ちなみに私の手鏡は数週間後、家のなかのまったく思いがけないところからひょっこり見つかりました。なぜそんなところにあるのかという疑問はさておき（もちろん私が置いたに決まっているのですが）、また長年連れ添った古くてキズだらけの手鏡との日常が戻ってきました。ここ最近で、もっとも嬉しかったことのひとつです。

自分の内部世界と外部世界を重ね合わせる

自分の内的な世界とモノや他者といった外部世界を重ね合わせるようなこと、そのようなこころの働きをとらえる概念は、あまりにもあたりまえなこととして、これまでほとんど検討されてきませんでした。外部からの情報を処理して、世界を認識できたなら、すなわちそれが世界なのだろう、と考えるのは当然といえば当然でしょう。この時、外部からの情報（物理世界）と自分の認識（見え方）にズレはありません。もちろん、たいがいのばあいはそうなのですが、私たちの世界はそんなに単純ではありません。

たとえば錯覚（図1）などは、不思議でおもしろい現象です。これは、外部からの情報（物理世界）と自分の認識（見え方）にズレが生じるために起こります。外部からの情報と自分の認識がズレていて、あたりまえのことがあたりまえではないから、錯覚は不思議でおもしろいのです。錯覚は、知覚レベル（見え方）の例ですが、もっと高次の認知活動（事物のとらえ方や考え方など）でズレがあるとしたら、どのような例があるでしょうか。

図1　錯覚の例

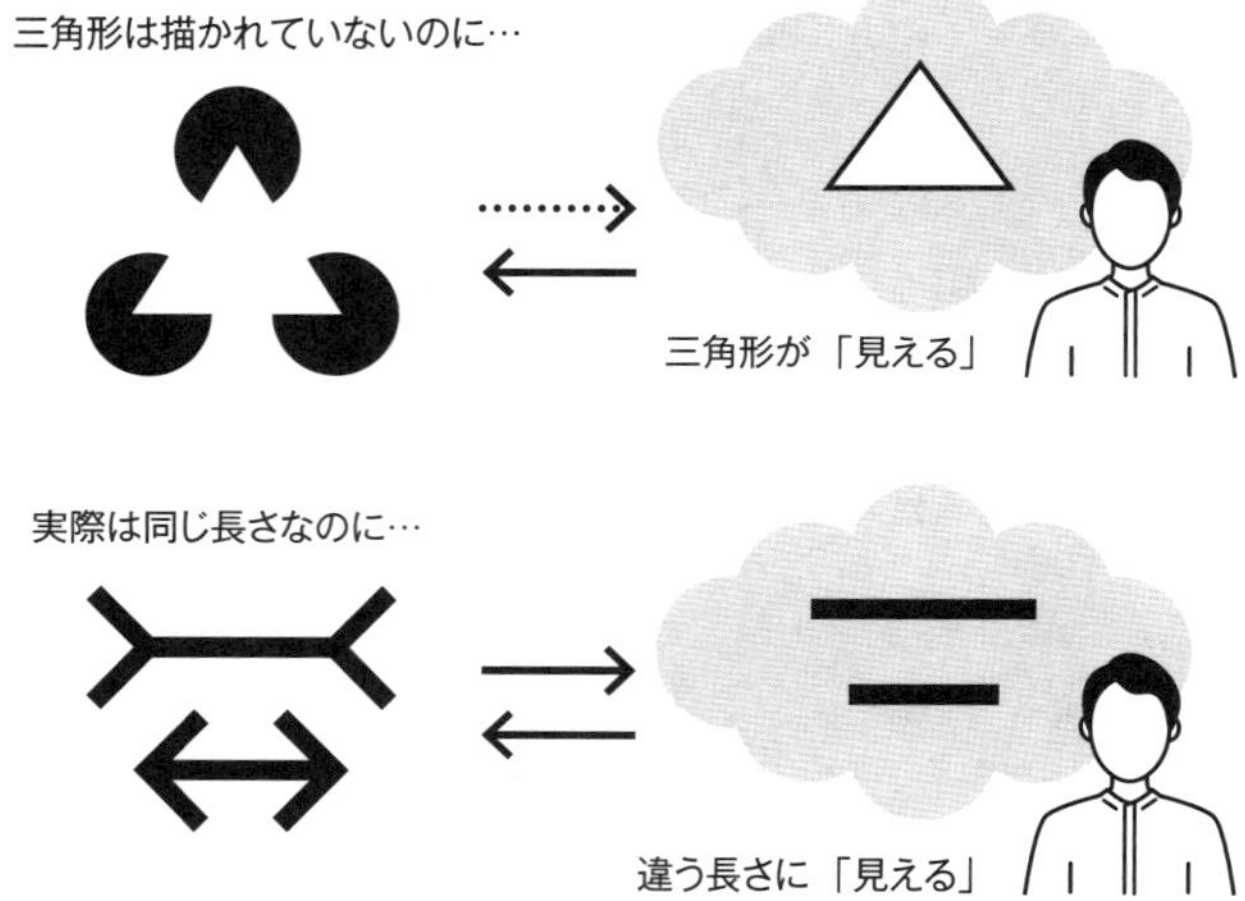
三角形は描かれていないのに…
三角形が「見える」
実際は同じ長さなのに…
違う長さに「見える」

あなたの目の前に皿に盛られたクッキーがあります。クッキーという物理情報は、あなたにクッキーであると認識されます。「ご自由にどうぞ」とあったので何気なく食べました。あなたは「おいしいクッキーだなあ、こんなのがタダで食べられてラッキーだ」と思います。目の前のクッキーはクッキーである、これが、あたりまえのズレのない世界です。

しばらくして二個目を食べようとした時に、通りがかった人から「その皿のクッキーは全部、さっき床に落としたのを拾って戻してましたよ」と言われました。さっきとまったく同じクッキーという物理情報は、あなたに床に落とした汚いクッキーであると認識されます。二個目を食べようとしていたことなどすっかり忘れて、あなたは「なんて汚いクッキーだ！　こんなのを食べてひどい目にあった！」と思います。さっきとまったく同じクッキーなのに、あなたの気持ちはまるで違います。この時、最初に自分が見た外部からの情報といまの自分の認識にはズレが生じています。

物理情報であるクッキーはなにひとつ変化していません。変わったのは、あなたの認識です。クッキーにまつわる言語情報によってあなたの認識が変わり、変わった認識はあなたによってさっきと同じクッキーに付加されて、あなたのクッキーに対する気持ちが変化したのです。

物理的なモノに、自分の認識が付加されるプロセスがある、ということを二個目のクッキーはあきらかにしてくれます。あたりまえすぎて、一個目の時にはそれに気がつかないだけなのです（一個目のクッキーにも「ただのクッキーである」という認識は付加されているわけですが）。物理的なモノに自分の認識が付加される、そのようなプロセスは、気がついてみればとてもおもしろいこころの働きです。

対象（世界）と自分の関係性において、自分がどのように対象（世界）を認識するかだけでなく、認識を自分はどのように対象（世界）へ付加していくのか？　こころと世界はどのようにつながっているのか？　あたりまえだと思われて見過ごされてきたけれど、このようなこころの働きにアプローチする研究の概念が「プロジェクション」です。

図2　プロジェクションというこころの働き

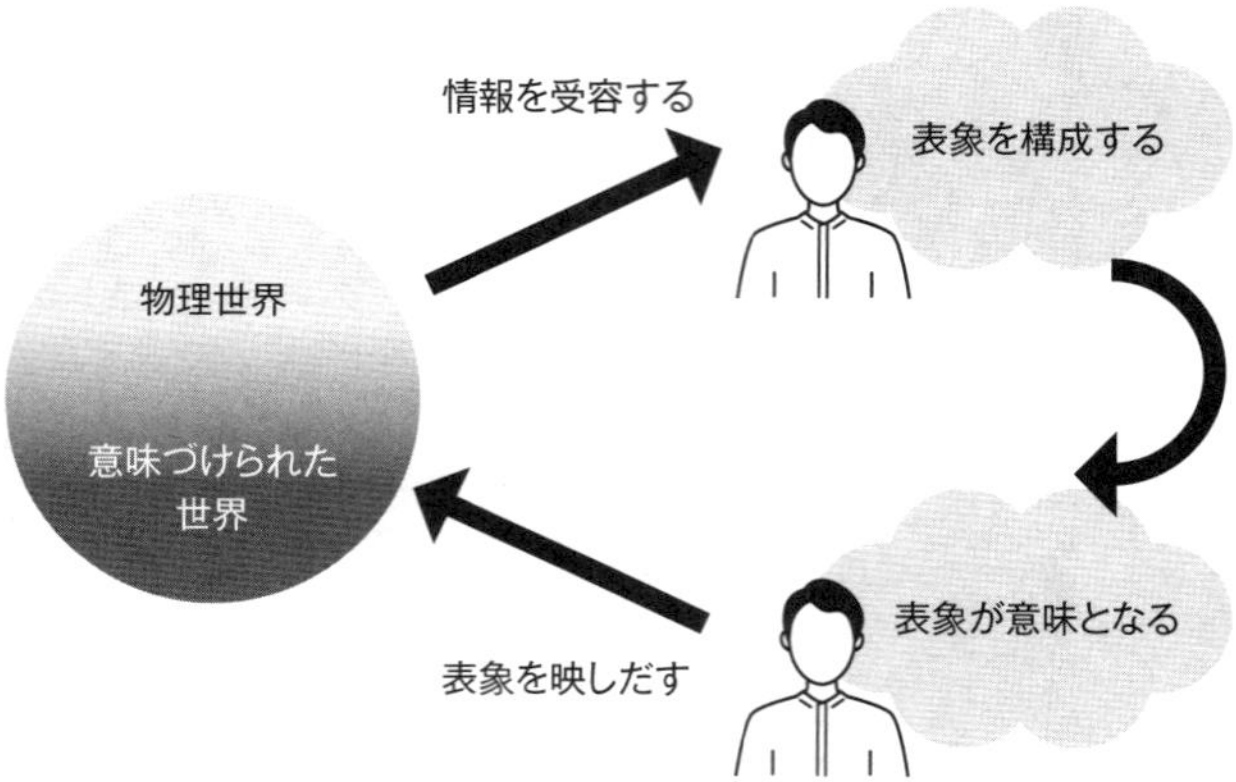

プロジェクションとは、二〇一五年に認知科学の鈴木宏昭先生によって、初めて提唱された概念です。鈴木先生は、「プロジェクションとは、作り出した意味、表象を世界に投射し、物理世界と心理世界を重ね合わせる心の働きを指している」と説明しています。つまり、自分のこころと現実世界をつなぐ働きをしているものに、プロジェクションと名づけたのです。

人間は、自分をとりまく物理世界から入力された情報を受けとり、それを処理して、表象を作りだします。それは人間にとっての意味となります。けれどこのような情報の受容と表象の構成は、人間のこころの働きの半分でしかありません。もう半分では、作りだした表象を物理世界に映しだし、自分で意味づけした世界のなかでさまざまな活動をしているのです（図2）。

この一連のこころの働きがプロジェクションです。

プロジェクションを詳細に説明しようとすると、なんだかあたりまえのことばかりお話しすることになってしまいます。なぜなら、こころと世界がそのままつながっていることはあたりまえだと誰もが思っているからです。でも、先ほどのクッキーの例のように、見えている世界に変化がなくても、情報ひとつでその意味や価値がガラリと変化してしまうことがわかると、人間の不思議なこころで彩られている世界の新たな姿が見えてきます。

プロジェクションの基本的な枠組みを説明するために、まず用語を整理しておきます。あまりなじみのない言葉もあるかもしれませんが、もし、これをきっかけにほかのプロジェクションの本も読んでみようと思った人には、用語が統一されていたほうがわかりやすいと思うからです。

世界のなかに自分（主体）がいます。主体以外の世界を外界とします。外界からの情報を発する人や事物を「ソース（投射元）」と呼びます。外界からの情報を受けとって処理する主体は、ソースが提供する情報を処理して「表象（イメージ）」を構成します。そして主体は、その表象を世界の特定の人や事物に「投射」します。この表象が投射されたものを「ターゲット（投射先）」と呼びます。この一連のシステムが「プロジェクション」です。

ただ、これでは投射（projection）という英単語と同義になってややこしいので、システムの一部である「投射」については、投射という表記のみ使用します。本書でのプロジェクションという表記は投射だけの意味ではなく、このシステム全体を指しています。

また「プロジェクション・サイエンス」とは、プロジェクションが関与する現象をあつかうさまざまな研究領域の総称です。プロジェクション・サイエンスは、プロジェクションというこころの働きをとらえるための枠組みを作りだし、表象を含む内部モデルと実在する世界とを結びつける新しい認知科学を創出することを目的としているのです。

世界を見たままにとらえる：通常の投射

プロジェクションと一言でいっても、その内容は実にいろいろです。千差万別とも思えるプロジェクションは、ソースとターゲットの関係から三つの投射タイプに区別できます。

まずひとつめは、目の前の世界を見たままにとらえる「通常の投射」です。①通常の投射（図3①）とは投射の基本的なもので、外界のソースとターゲットが一致しているケースです。私たちはふだん、このような投射をしながら世界のなかで生活しています。

先ほどのクッキーの例でいえば、一個目のクッキーがそれにあたります。ソースである目の前のクッキーは、主体においてクッキーという表象を構成され、クッキーという表象が目の前のクッキーに投射されてターゲットになっています。この情報の流れにおいて、どこにも齟齬《そご》はありません。外界のソース（クッキー）とターゲット（クッキーという表象が投射されたクッキー）は一致しています。いちいち説明するのが申し訳ないくらい、あたりまえのことです。

「いま、そこにない」ことを「いま、ここにある」ものに映しだす：異投射

ふたつめのプロジェクションのタイプ、②異投射（図3②）は、外界のソースとターゲットが一致していないケースです。私たちの投射は、①のようなあたりまえの投射だけではないのです。

①の例に続けていえば、一個目のクッキーが通常の投射で、それは床に落とした云々《うんぬん》と言われた後の二個目の状態が異投射です。床に落ちたクッキーなんて汚くて食べられない！　さっきは知らずに食べてしまってひどい目にあった！と思っているあなたは、この時、異投射をしています。

あなたにとって、外界のソースは目の前のクッキーです。しかし、あなたという主体において、構成されている表象は床に落とされて汚れたクッキーです。この汚れたクッキーの表象は、外界に存在するソースと新たに提供された言語情報によって主体内部で再構成されたといえます。ソースである目の前のクッキーは、あなたという主体において汚れたクッキーという表象を構成し、汚れたクッキーという表象が外界の目の前のクッキーに投射されてターゲットにな

図3　プロジェクションのタイプ

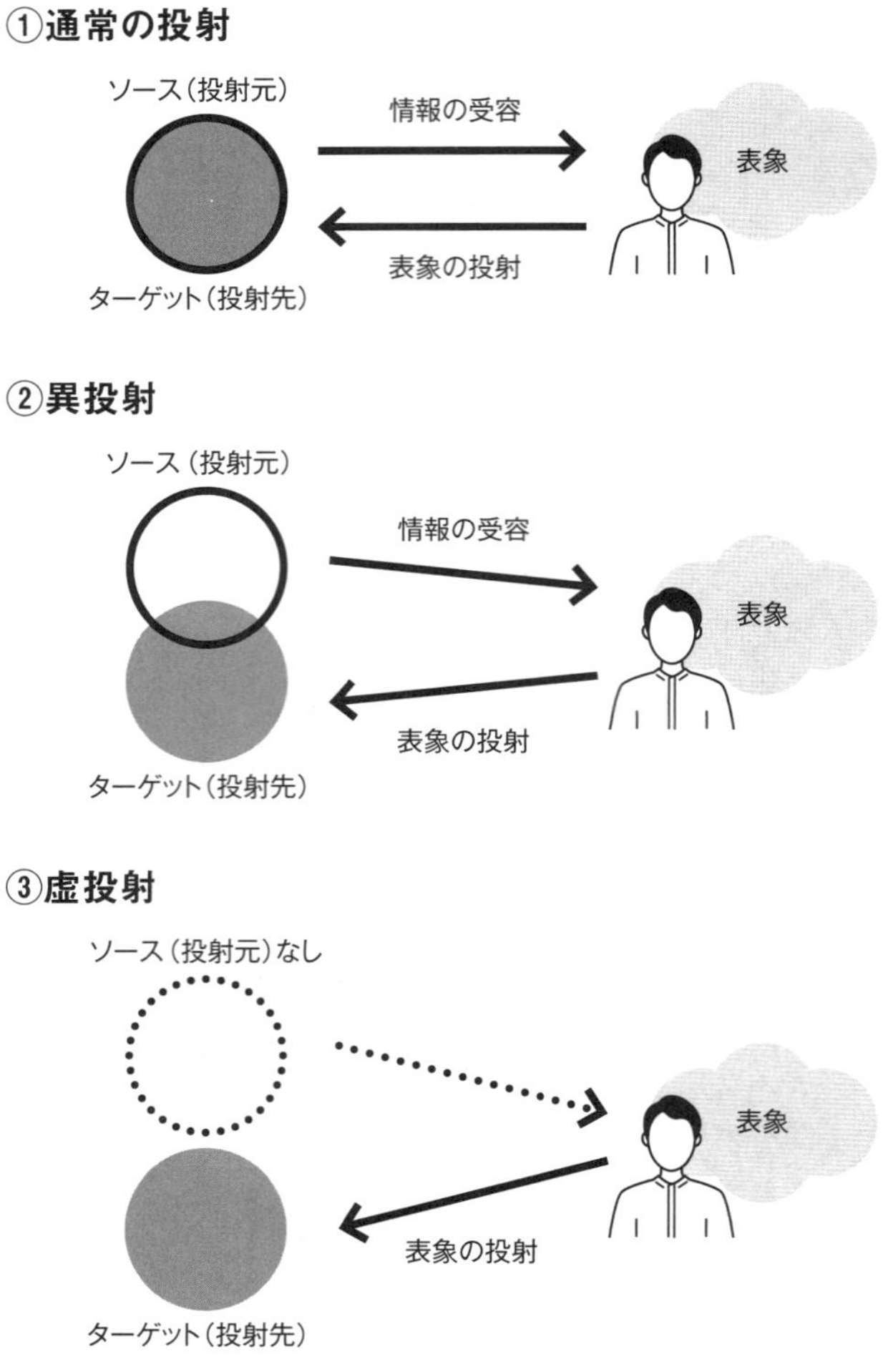

っています。この情報の流れにおいて、外界のソース（目の前のクッキー）とターゲット（汚れたクッキーという表象が投射された目の前のクッキー）は一致していません。

いやいや、クッキーは床に落ちて汚れているのだから、目の前のクッキーが汚れたものであるのは通常の投射で正しい認識だ、と思うかもしれません。けれど、クッキーをめぐる状況をよく見直してみてください。目の前のクッキーは見たところ汚れてはいません。一個目の時には汚れているなどまったく思わなかったくらい、物理的な情報だけでは汚れを認識できません。次に、床に落とした云々の情報ですが、これはあなたが実際に見たことではありません。そう聞いただけです。つまり、本当にクッキーを床に落としたかどうか、現実としてあなたはわからないので、クッキーが実際に汚れているかどうか、本当のところはわからないのです。ですから、このクッキーは汚れている、というのは真偽不明の言語情報から構成されたあなたの表象であって、汚れを目視では確認できない現実の物理的情報を処理した結果とは一致していないといえます。

目の前のクッキーは「いま、ここにある」ものです。このクッキーがさっき床に落ちたということは「いま、そこにない」ことです。異投射というプロジェクションにおいて重要なことのひとつは、この「いま、そこにない」ことが「いま、ここにある」ものに重ね合わされるという点です。

さっきクッキーが床に落とされたという言語情報、床が汚れているという物理情報、汚れたところに接触したものは汚れるという経験的知識などが「いま、ここにある」情報です。汚れた床に落ちたというクッキーはきっと汚れているだろう、という「いま、そこにない」ことが「いま、ここにある」クッキーに重ね合わされて、このクッキーは汚れている！という認識となっています。

「いま、そこにない」ことは、クッキーの事例のように真偽が不明なことばかりではありません。過去の事実や、実在はするがここにはいない人物やモノ、実在しない想像上の人物やモノ、未来への希望なども含まれます。最初のエピソードにでてきた手鏡には、長い期間の思い出という過去の事実が投射されています。モノマネ芸では、実在はするがここにはいない人物が目の前にいる芸人に投射されています。宗教における神様の像などは、実在しない想像上の存在が投射されたものです。お正月に神社で破魔矢を買う人は、それに今年一年間の安全という未来への希望を投射しているのです。

あらためてあなたの世界を見回してみると、この世界とは案外、異投射だらけではありませんか？　たとえば、紙幣。ただの紙切れには物理的に一万円の価値はありません。けれどそれに一万円分の交換手段と信頼が投射されているから、一万円札という紙切れが一万円という紙幣として使用できます。その投射がなされていない世界では、一万円札は紙幣として機能せず、ただの紙切れにすぎません。ほかには、ブランドもののバッグなども同様です。原材料費と職人の工賃を合わせた金額の何十倍もの価格で市場に流通しているバッグには、ブランドとしての価値や希少性、羨望や優越などが投射されています。投射されているそれらのものに興味がなく、物理的なバッグとしての使途だけを見ている人には、そのバッグの値段は理解できません。私たちの世界はさまざまな異投射で成り立っており、それは個人だけのプロジェクションとはかぎりません。プロジェクションは他者と共有されて社会を支えていたり、あるいは共有できない他者や社会との断絶を生じさせます。

見えないけれど、たしかにそこにある：虚投射

三つめのプロジェクションのタイプ、③虚投射（図3③）は、外界にソースが不在でターゲットだけがあるケースです。②と同じく、私たちの投射があたりまえの投射だけではないことがわかります。

クッキーの例で続けて考えてみると、たとえば、目の前にはなにもないのに、あたかもクッキーがあるような仕草をして、クッキーを食べるパントマイムをしたら、それが虚投射です。パントマイムをしている主体において、構成されている表象はクッキーです。しかし、いま目の前にクッキーは存在していませんから、クッキーというソースは主体の外界に不在です。ク

ッキーの表象はすでに主体内部にあります。ソースが外界に不在であるにもかかわらず、主体内部にあるクッキーという表象が、外界においてパントマイムで表現された見えないクッキーとして投射されてターゲットになっています。この情報の流れにおいて、外界のソース（クッキー）は不在で、ターゲット（パントマイムで表現されたクッキー）だけが存在していることになります。

虚投射の特徴は、見えないけれどまるでそこにあるかのように感じられる点です。パントマイムのクッキーは見えないのですがたしかにそこにあって、食べているように見えます。錯覚のところで示した三角形の例（図1）も虚投射です。周りの図形があることで、描かれていないから見えるはずのない三角形が、たしかに見えるというわけです。

「いま、そこにない」ことが投射されるのは異投射と同様ですが、投射される先に「いま、ここにある」ものはないのが虚投射です。幻覚や幽霊などがその典型でしょう。目の前にある枯れすすきや柳の木を幽霊だと見間違えるのは異投射で、なにもないところに幽霊がいると思うのが虚投射です。また、幼い子どもに見られる事例として、空想上の友達を作りだして会話したり遊んだりする「イマジナリーコンパニオン」も虚投射といえます。

幻覚や幽霊、イマジナリーコンパニオンなどは個人の虚投射で、なかなか他者に共有されることは難しいのですが、虚投射だからといって共有されないというわけではありません。クッキーの例としてだしたパントマイムは、虚投射が演者と観客で共有されているから、あるはずのないクッキーが見えているように感じられるのです。

小さな子どもがよくやる「おままごと」には、異投射や虚投射の共有が欠かせません。泥団子や葉っぱを食べ物に見立てるのは異投射ですし、空のお茶碗《ちゃわん》にご飯をよそう動作をしてからする「はい、どうぞ」「いただきます」というやりとりは虚投射です。プロジェクションの共有がなされているもの同士だからこそ、泥団子や葉っぱを食べるマネをして「おいしいね」と笑い合い、空のお茶碗を見て「わあ、大盛りだね」と喜べるのです。これは食べ物じゃない、ここにはなにも入ってない、ということを言いだしたら、それこそおままごとのちゃぶ台返しになってしまいます。

ほかには落語なども、異投射や虚投射の共有の好例です。噺家《はなしか》は扇子や手拭いなど最小限の小道具で無限の舞台装置を演出します。噺家の暖簾《のれん》をかき分ける動きや蕎麦《そば》をすする仕草で、観客の目の前には暖簾や蕎麦が鮮やかに出現します。しかしそれは、噺家だけでなく観客も暖簾や蕎麦を知っていて、プロジェクションができるからこそ実現するのです。これまでに暖簾や蕎麦を見たことがない人は、噺家の動作に対して投射できる表象がないのでプロジェクションの共有はかないません。おままごとや落語は、プロジェクションの共有が前提となっている他者との共同作業であるといえるのです。

プロジェクションとは想像力？

これまでに説明したようなプロジェクションの話をすると「つまり、プロジェクションって想像力のことですか？」と言われることがよくあります。たしかに、想像力は含まれるのですが、それだけではないのです。プロジェクションとは、主体の想像力に加えて、主体が想像したものやことを現実の対象に投射する過程まで含めたこころの働きです。ただ想像するだけではプロジェクションにはなりません。

ワーキングメモリと呼ばれる認知機能について考えるとわかりやすいかもしれません。ワーキングメモリ（working memory：作業記憶）とは、情報の一時的な保持と同時に、保持されている情報の操作と処理を含むシステムです。短い時間だけある情報を保持しておくことは短期記憶と同様ですが、ワーキングメモリはそれだけではありません。短い時間だけ保持した情報を使って、なんらかの認知的な作業をする過程を含みます。たとえば、暗算などがそうです。758たす314は？という暗算をする時には、758と314という数字を一時的に保持して、さらにそれらを頭のなかで加算する作業をします。758や314という数字をおぼえるだけなら短期記憶ですが、それらを加算する作業がある暗算には、ワーキングメモリが使われているのです。

ワーキングメモリにおける保持と操作のように、複数の機能が組み合わさったこころの働きとしてプロジェクションをとらえてみると、想像力とは違う側面が見えてくるでしょう。たしかに「いま、そこにない」ものやことは想像する力が生みだしたものですが、それはまだ主体内部の世界にとどまっています。その時、主体内部の世界は、まだなににもつながっていません。けれど想像によって生みだされたものが、主体をとりまく外部世界に重ね合わされた時、主体の内的な世界は現実の外部世界とつながることになります。異投射であれば内部世界の表象はある対象に、虚投射であれば内部世界の表象を浮かびあがらせる周辺の対象にプロジェクションがなされることで、想像された「いま、そこにない」ものやことが「いま、ここにある」かのように存在できるのです。

映画の上映などをイメージしてもらうと、もっとわかりやすいでしょうか。映画とは、撮影したフィルムだけではなく、フィルムが映写機でスクリーンに映しだされて映画というコンテンツになります。撮影したフィルムだけあっても、それでは映画の内容は撮った人たちにしかわかりません。映画を制作した人たちの世界は、フィルムが映写されてはじめて、それ以外の人たちとつながることができます。

主体内部の世界が現実の外部世界とつながることで、主体にとってさまざまな意味や価値が生まれます。それがプロジェクションによってもたらされる効果です。そうして主体にもたらされる効果には、良いものも悪いものもあります。たとえば人間は「いま、そこにない」未来を想像できるからこそ、目の前の「いま、ここにある」現実に希望を見いだしたり、あるいは絶望してしまったりするのです。未来について想像しない動物などは、未来につながる現在に希望を持たない代わりに、未来を悲観して現在に絶望することもありません。

前作からの宿題と本書の目的

私は前作『「推し」の科学　プロジェクション・サイエンスとは何か』では、プロジェクションがもたらすポジティブなことに着目しました。なぜなら、その本ではまず、皆さんにほとんど知られていない、認知科学の最新の概念であるプロジェクションを紹介したい、プロジェクションっておもしろい！と興味を持ってもらいたい、という思いがあったからです。そのため、あえてポジティブなことをとりあげて、ネガティブなことについてはまったく触れませんでした。

プロジェクションがもたらす効果のネガティブな事例について、前作でまったく触れなかったのには理由があります。ひとつは、プロジェクションによって生じるポジティブなこととネガティブなことは半々だろうと考えていたので、ポジティブなことと同じくらいの紙幅を割いて、ネガティブなことについても書かなくてはフェアではないと思っていたからです。それは本のページ数から考えると、とても現実的ではありませんでした。だからといって、少しだけ触れておくということは、どうしてもしたくなかったのです。それこそ、ネガティブなことは少なく、ポジティブなことばかりたくさんあるかのような偏りを示すことになってしまう気がしたからです。そんな偏りを感じさせるくらいだったらいっそのこと、半分の面にはまったく触れずにいよう、もう半分は同じくらいの量で書ける機会があったら、あらためて示したらいいと考えました。

もうひとつの理由として、私の能天気でお気楽な傾向があります。前作ではプロジェクションの説明をするためにさまざまな事例をあげていますが、どれもわりと楽しく明るいものでした。そのような事例は血眼になって集めたわけでもなく、私が日常の生活で気に留めたことや身の回りに自然とあったものです。けれど、プロジェクションがもたらす効果のネガティブな事例となると、能天気でお気楽な私にしっかり目配りできるのだろうかという不安がありました。それに加えて、そんなネガティブなことばかり考えて数ヶ月も執筆するのかと思うと、正直かなり憂鬱でした。

しかし、再び書ける機会をいただいた時、編集者も私も「もう半分を書くべきでしょうね」という気持ちで一致していました。認知科学の最新の概念であるプロジェクションを知ってもらうには、やはり前作のようなポジティブなことだけでは不完全だという思いはずっとありました。プロジェクションによってもたらされる効果には、良いものも悪いものもあることこそ、プロジェクションというこころの働きのおもしろいところだからです。

プロジェクションという概念を適用して説明できる事象はたくさんあります。けれど、私が前作や本書で目指していることは、いろいろなことをプロジェクションで説明することだけではありません。プロジェクションという概念の提唱者である鈴木宏昭先生は、著書『私たちはどう学んでいるのか　創発から見る認知の変化』の冒頭の部分で、このように書いています。

「私が本書で提供するのは創発というメガネである。そのメガネを通してみると、今までかけ続けた『学校教育』とか『品質管理』などのメガネでは見えなかったものが見えてくるはずである。読者のみなさんが、このメガネを通して、自分、世間の認知的変化の概念を見直し、それらを豊かなものにすること、そして良い学習者、教育者になることに少しでも貢献できたとすれば、著者として本望である」

私はこれを読んだ時「そうか、私がプロジェクションの本を書く目的はこれなんだ！」と膝を打ちました。私が本を書いて、プロジェクションという概念を多くの人に知ってもらいたいと思うのは、鈴木先生に倣っていえば、プロジェクションというメガネを提供したいからなのです。プロジェクションというメガネを通して、自分や他者や社会を見てみると、これまで見えなかったものが見えてくるかもしれません。自分と自分をとりまく世界の豊かさと愚かさに気づいた時、これまでにはないとらえ方や考え方を手に入れられるのではないでしょうか。
どうでしょう、これまでとは少し、自分と世界が違って見えてくるかもしれないメガネをかけてみませんか？

プロジェクションすることが得意な人、苦手な人

前作の『「推し」の科学』の出版後に、驚いたことがあります。それは「私はプロジェクションをほとんどしない、ということがわかりました」という感想を、少なからずいただいたことでした。私は反対に、それこそ息をするようにプロジェクションしている人間なので、「プロジェクションをしない人がいるんだ！」ということに驚かされました。

もちろん、プロジェクションをほとんどしない、という人は通常の投射をしないのではなく、異投射や虚投射をしない、ということでしょう。そのような人がいることを知り、私はあらためて、プロジェクションがこころの働きのひとつであることに気がつきました。学習や記憶、注意など、人間にはさまざまな認知機能があります。それらは、こころの働きです。学習能力の優れている人、記憶力のいい人、集中力の高い人など、認知機能には大きな個人差があることはよく知られています。それらの能力が高い人もいれば、そうではない人もいます。たとえば私は、かなりの方向音痴なのですが、これは空間を認識して自分をそこにあてはめて移動さ

せることが苦手であるといえます。これも、空間認知が得意な人から見れば「地図があって方角もわかるのにどうして間違えるの？　地図を読めない人がいるんだ！」ということになるでしょう。でも、私のように方向音痴で、地図を読んでいるつもりでも正しくは読めていない人っていますよね。

それぞれの認知能力には、それが高い人もいれば低い人もいるのですから、プロジェクションがこころの働きのひとつであるならば、想像して投射することが得意な人もいれば苦手な人もいることは当然です。『「推し」の科学』では、いわゆる「推し活」を切り口にしてプロジェクションの例をいくつも紹介しました。既存のアニメやマンガをもとに自分なりのエピソードを妄想して新しい物語を作りだす二次創作や、自分の日常生活には存在しない推しに思いを馳《は》せながら盛大に推しの誕生会をする、推しのカラーやイメージと合っているもの（いわゆる推しのグッズではなく、なんでもない日用品など）を見るとテンションが上がる、知らない人からはゴミとしか見えないライブの銀テープの切れ端を後生大事にするなど、どれもプロジェクションの異投射や虚投射の働きによる行動といえます。ただし、これらの行動は、それをしている熱心なファンとそのコミュニティ以外から眺めてみると、かなり奇妙なものでしょう。作りだされた新たな物語とはつまり原作には存在しない妄想であり、盛大に誕生日を祝われている対象はそこにいないのです。

私は「推し活」がテーマの講演で、推し活のメジャーな行動例として「本人（推し）不在の誕生会」を説明するために、子どもの誕生日をケーキや飾りで家族があたたかく祝っている写真を見せた後、祝われている子どもだけ消す加工をした写真をだしました。それを推し活をしている学生たちにも見せたところ「やっていることはまったくこのとおりですが、こうして見ると完全にホラーですね。自分たちの行動のヤバさに鳥肌が立ちました！」と衝撃を受けていました。たしかに、本人がいないにもかかわらず周りが満面の笑みでお祝いしている誕生会の写真をあらためて見ると、ものすごい違和感があります。いつもならば、やっている本人たちも、なんかこんなの変だよねと思いながら、それを含めて楽しんでいるのですが、別の視点から自分たちのプロジェクションを俯瞰《ふかん》してみると、そこにある強烈な異投射や虚投射を目の当たりにして驚くのでしょう。

さまざまな推し活からは、熱心なファンの人たちが愛好する対象に働きかける際に、かなりの頻度と強度でプロジェクションしていることがわかります。そのような人たちは「いま、そこにない」ものやことをイメージして「いま、ここにある」世界へ重ね合わせることに長《た》けています。一方で、まったくそのようなことをしない人たちもいます。「いま、ここにある」世界をそのまま認識し、異投射や虚投射といったプロジェクションをしないのです。「自分は（異投射や虚投射の）プロジェクションができないんですけど、できたら楽しいだろうなと思います」と言った人もいました。けれど、本当にそうでしょうか?

推し活のように、愛好する対象への働きかけはそもそも楽しいものです。たしかに、プロジェクションをしたならば「いま、ここにある」世界だけでなく、「いま、そこにない」もっとたくさんのイメージや意味が生じて、見える世界は豊かになるでしょう。推し活などでは、膨らんだイメージや意味がさまざまなモノに投射されることによって、さらに価値を高めてくれるはずです。しかし、自分はプロジェクションが苦手かも、という人はそれでいいと思います。なぜなら、プロジェクションが、必ずしも楽しいポジティブなことをもたらすとはかぎらないからです。次は「いま、そこにない」非現実と「いま、ここにいる」自分とのありようについて考えてみましょう。

現実生活と非日常世界のバランス

最近では「推し疲れ」なる言葉も登場しています。最初はただ対象が好きだからはじめた推し活が、いつのまにか自分を苦しめている状態です。その理由は本当にさまざまです。推しに熱愛報道がでたりグループを脱退したりという対象が原因のものや、推しに関するいろいろな情報やモノが多すぎてそれを追うだけで時間やお金がかかるという問題、またファン・コミュニティにおける暗黙のルールやマウント合戦も、SNSが普及した現在では思いがけないトラブルになったりします。

推しがマンガやアニメのキャラクターであればもちろん、たとえ現実に生きているアイドルやアーティストであっても、それは「非日常」の存在です。もっといえば「非現実」です。なぜなら、彼らはあなたが日常を送る「現実生活」の圏内にはいないからです。そうであるからこそ、推しが「現実に」目の前に登場するライブや握手会、二次元のキャラクターにゆかりのある場所に行って、推しと同じ景色を「現実に」眺める聖地巡礼などが貴重な体験になります。ふだんは決して交わらない、推しのいる非日常が自分の現実世界と重なり合うわけですから。

先ほど例にあげた「本人不在の誕生会」もこれにあたります。誕生会をするしないにかかわらず、現実を生きている私たちには、必ず誕生日があります。それは一年に一回の特別な日です。誰の現実にもある身近で特別な日を、推しに対しても祝うことは、ライブや聖地巡礼と同じように、非日常の推しを自分が生きている現実世界に降臨させる貴重な機会だといえるでしょう。実際、アイドルやアーティストが誕生日を公開していたり、架空のさまざまなキャラクターに誕生日が設定されていることは珍しくありません。それは、たとえば身長や好きな食べ物のデータなどと同じく、非日常の彼らを現実に感じられるような装置のひとつなのです。

基本的に推しは非日常の存在だからこそ、推しを想う時、推しを観《み》ている時、推しに働きかける時には、自分の現実の日常からひととき遊離することができます。このような存在は、いわゆる推しだけとはかぎりません。日常から少し離れて、なにか自分の好きなことをしている時は、どれもこれにあたるでしょう。毎日の生活に追われるなかでどうにか時間を見つけて、本を読んだり、スポーツをしたり、お酒を飲んだり、旅行したり……それをしたことで疲れたけれど楽しかった、なんか元気がでた、という経験は誰にでもあると思います。それは非日常での快楽が現実生活の疲労を癒やし、非日常のひとときを過ごすことでまた現実生活に向かう力をチャージできたからです。

私たちは現実を生きています。しかし、現実だけで生きていくことはなかなかしんどいものです。現実を生きていかねばならないからこそ、時にそれを離れたところで身体《からだ》やこころを休ませたい、解放したい、楽しみたいのではないでしょうか。現実逃避というのは、決して悪いことではありません。現実と非日常をうまく行き来することが、現実を生きるエネルギーとなっているのです。

ただし、重要なのはそのバランスです。あなたの非日常の楽しみや癒やしがどんなに心地よいものであろうとも、そこにとどまり続けることはできません。そこはあなたが生きる現実ではないからです。悲しいことに、私たちは非日常のみで生きることはできない以上、現実生活を主軸にして非日常の世界へ行き、そしてまた戻ってこなくてはなりません。私たちが生きているかぎり主軸は現実生活にあるのですから、もし非日常での出来事が現実生活を脅かしたり蝕《むしば》むようなことがあれば、それは本末転倒です。

たとえば、推しのために頑張って仕事をして、休日はお金と時間をかけて足しげくライブに通う、というような日々でも、ライブが楽しく生活費や睡眠時間が確保できていれば、それがその人の良いバランスなのだといえます。一方で、最初に例をだしたように「推し疲れ」という状態もあります。推しの変化などが原因で激しいショックを受けたり、推し活にお金や時間をかけすぎて日常生活に支障がでたり、ファン・コミュニティでのほかのファンの言動で気持ちが落ちこんでしまったりというのは、本来は楽しいはずの推し活が、いつのまにか苦しみになってしまっています。これは、現実生活と非日常世界のバランスが崩れている状態といえるでしょう。現実を生きている自分が楽しくなれることが、推し活の醍醐《だいご》味《み》だったはずです。非日常での出来事である「いま、そこにない」ことが、「いま、ここにいる」自分を苦しめているのであれば、それにどれだけの意味があるのでしょうか。

極端な例ですが、こんなニュースがありました。「手取り月25万円から〝推し活〟で投げ銭8万円…自宅を放火した53歳の男が抱えた『むなしさと不安』」（「TBS NEWS DIG」二〇二三年四月二〇日報道記事）という見出しで報道された、ライブ配信アプリへの支払いで生活苦となり、自宅アパートに放火したという事件です。裁判で被告の男性は「（アプリを）辞められない不安と、お金がなくなる不安があった」「やめたいけど、やめられなくて」などと供述したそうです。実際の生活が苦しいと感じていても投げ銭がやめられないのは、推し活という非日常の快楽で目の前の現実の不安を紛らわしているのでしょう。この背景には、ギャンブル依存症や買い物依存症などの「行為依存」といわれる行動と同じメカニズムがあると考えられます。行為依存とは、特定の行為から得られる刺激や安心感にのめりこみ、それがやめられなくなって、日常に支障を生じている状態です。

推し活をしている多くの人は、現実生活と非日常を自分なりの良いバランスで楽しんでいます。ギャンブルであるパチンコや競馬、必要な日用品を買うこと以外のショッピングなども、多くの人が日常の傍《かたわら》にある趣味として楽しんでいるものです。依存症になるようなのめりこみ方をする人は、ほんの一部にすぎません。最初は現実生活に楽しみや活力をもたらすものであったのに、しだいにそちらにかけるお金や時間が多くなり、現実生活のお金や時間を侵食して自分や周りの人に悪影響がでるのであれば、それはもう趣味などとはいえないでしょう。どのようなジャンルのものであれ、非日常から得られる快楽は、実際の生活とのバランスがとれていることで現実の幸福となるのです。

主体と対象の主従関係

プロジェクションの機能には、自分という主体からある対象に投射という働きかけをする過程が含まれます。プロジェクションの前半部分、すなわち外界からの情報を受容する過程には、情報を取りこむことに能動的なばあいも受動的なばあいもある一方で、この投射の過程は意識的／無意識的という違いはあるとしても、必ず自分から対象へという働きかけの方向性が見られます。ですから、プロジェクションでは、主体から対象に投射をするという過程を主体からコントロールすることが可能です。

たとえば、Aさんが恋人からプレゼントされたアクセサリーをとても大事にしていたとします。Aさんはほかにもっと高価なアクセサリーも持っていましたが、恋人からもらったものは特別なものとして、いつも身につけていました。しかし、その恋人と別れてしまったらどうでしょうか。いつも身につけていたアクセサリーは外され、引き出しの奥にしまわれてしまうでしょう。もしかしたら、二度と見たくないものとして、捨てられたり売られたりするかもしれません。

そのアクセサリーには物理的になんの変化もありません。変化したのは、Aさんの投射です。主体としてのAさんの想いが、対象であるアクセサリーへ投射されて、対象（アクセサリー）は価値を持っていたのですが、主体（Aさん）の投射する想いが変化すると、対象（アクセサリー）の価値も変化したのです。このように、投射をする主体と投射される対象の関係は、する／されるという言葉のとおり、主体のほうに投射の主導権があって、プロジェクションを意識的にコントロールすることができます。

Aさんが恋人からのプレゼントであるアクセサリーをいつも身につけていて、Aさんと恋人が別れた後もそのアクセサリーを身につけているのをあなたが見たら、Aさんはまだかつての恋人に未練があるのかなと思うのは無理もありません。もしAさんから、私はもうかつての恋人にはなんの未練もないけれど、このアクセサリーは単に好きだから身につけているのだ、と説明されたら、あなたはすんなり納得できるでしょうか。いやいやそうは言ってもね、と釈然としないのは自然な反応です。なぜなら私たちは、恋人からのプレゼントには特別な想いを投射するはずだし、その恋人と別れて想いが変化したらこれまでの投射はされなくなって、対象の価値は変化するはずだと考えているからです（もちろん投射なんてことをまったく知らなくても）。ここでのポイントは、主体の認識や感情が変化したら投射は変化する／投射が変化していないのは主体の認識や感情が変化していないから、という前提です。これはプロジェクションにおいて、主導権は主体にあるという考えのあらわれです。

このような主体と対象の主従関係ともいえるような前提が崩れることはあるのでしょうか。こんな例で考えてみましょう。以下の○○には、あなたの好きなことや人物をあてはめてみてください。

なにかと忙しくて疲れる日々のなかで、○○をしていると幸せだ、○○があるから私は頑張れる、と思っています。それがいつのまにか、○○をしていないと幸せになれない、○○がなかったら私はなにもできない、と思うようになったとしたら、主体と対象のありようが崩れて、主従が逆転しています。これは、自分という主体が対象に働きかけて関係性が生じるという方向性が反対になって、対象が自分という主体を操作するような状態になっています。

ある種の推し疲れや、ギャンブル依存症などはこの状態であるといえるでしょう。自分から能動的にアクセスする対象であったものが、いつのまにか終始、自分を操作するものになっているのです。プロジェクションの機能においても、この主体と対象の主従関係が崩れたばあいには、主体によるプロジェクションのコントロールが難しくなります。自分でコントロールできなくなったプロジェクションはどうなるのでしょうか。

現実生活と非日常世界のバランスがとれなくなったプロジェクション、主体のコントロール不能で暴走するプロジェクションは、さまざまな暗部へとつながってしまう可能性が生まれるのです。次は、それらの例を見ていきましょう。

恋人がストーカーになる時

二〇〇〇年に、ストーカー行為等の規制等に関する法律、いわゆるストーカー規制法が施行されてから、警察で取りあつかわれるストーカーの事案は増加しています。法務省の令和5年版犯罪白書によれば、ストーカー事案に関する相談等件数（ストーカー規制法その他の刑罰法令に抵触しないものも含む）は、一万九一三一件にものぼり、ストーカーに関する問題がニュースになることも珍しくありません。殺人や傷害など重大な事件につながることもあり、いまや大きな社会問題ともいえます。

ストーカー規制法において規制の対象になるのは、つきまとい等ならびに、それを繰り返しおこなうストーカー行為です。つきまとい等とは「特定の者に対する恋愛感情その他の好意の感情又はそれが満たされなかったことに対する怨恨の感情を充足する目的で、その特定の者又はその家族などに対して行うつきまといやメール送信などの反復行為」とされています。このことから、ストーカー行為には対象に対する恋愛感情や好意、それが反転した恨みや怒りといった感情や対象への執着などがあることがわかります。

ストーカー事案に関する相談等件数について、被害者と加害者の関係別に見ると、交際相手（元交際相手を含む）が七一一五件（三七・二パーセント）ともっとも多く、次いで、勤務先同僚・職場関係二五三二件（一三・二パーセント）、知人・友人二四二〇件（一二・六パーセント）、面識なし一八〇四件（九・四パーセント）、関係（行為者）不明一七六七件（九・二パーセント）、配偶者（内縁・元配偶者を含む）一三四五件（七・〇パーセント）の順でした（警察庁生活安全局資料・令和5年版犯罪白書）。大半のストーカー行為は、かなり親密な間柄で起こっているのです。つまりストーカーとは、主体（ストーカー）と対象の関係が破綻した後、主体の一方的な感情や認知によっておこなわれる行為であるといえます。

親密な関係の破綻とストーカー行為に関するいくつかの研究からは、別れを切りだした側と切りだされた側で異なる感情が見られます。切りだした側には自責や罪悪感があり、切りだされた側には苦悩や悲嘆があります。さらに切りだされた側は、別れた相手のことを繰り返し思いだしては関係を元に戻したいと思いやすく、相手に対して怒りや敵意といったネガティブな感情を抱く傾向が指摘されています。別れの主導権を持たなかった側がストーカー行為をおこないやすいこともわかっています。また、ストーカー事案のなかでも片思いに起因するストーキングに比べて、親密な関係の破綻に起因するストーキングは、高頻度の接近や脅迫めいた言動、暴力や自殺のほのめかしなど、より内容が重篤であることが示されています。

プロジェクションの観点から考えてみると、これはプロジェクションの不一致であるといえます。別れを切りだしたほうは、たがいの関係は終わったと認識しており、もう相手について親密な対象という投射はしていません。ところが、関係を断ち切られたほうは、たがいの関係が変わったという認識がなかなかできないばあい、相手についてこれまで同様の親密な対象という投射をすることになります。ストーカー事案の現場で、事案を担当する警察官にアンケート調査をした研究では、担当者の多くが対応のなかで、被害者と行為者との言い分の食い違いを経験したことを見いだしています。

たがいのプロジェクションがズレていたらどうなるでしょう。別れたのだから距離を置きたいとする相手に対して、これまでどおりの親密性で近づき、これまでとは違って拒絶されます。そこで、さらに近づく頻度や強度を上げたら、今度はもっと激しく拒絶されてしまいます。そうなると、相手への想いが強いだけに、相手を恨む気持ちも強くなるでしょう。ストーカー行為というのは相手への働きかけですから、恋愛関係にある時はそれが恋人同士の行動として成立しますが、関係が破綻すれば、同じことをしてもそれは一方的なストーカー行為となります。

暴走するプロジェクションと崩れるバランス

関係が破綻すれば、といっても別れを切りだされた側の人がみんなストーカーになるわけではありません。いったいどんな人が、どんな時にストーカーになってしまうのでしょうか?

そこには、プロジェクションのズレだけでなく、コントロールが不能になったことによるプロジェクションの暴走や、現実生活と非日常世界におけるバランスの崩れがあると考えられます。社会心理学の金政祐司先生らのグループは、親密な関係が破綻した後のストーカー行為に関連する心理的要因について検討しました。そこであきらかになったのは、パーソナリティ特性における愛着不安や、交際時に自分にはその相手しかいないといった思いこみやその相手との関係が唯一無二だという感覚を抱くこと（唯一性）が、関係破綻後に独善的な執着を高めてストーカー行為を増大させるということでした。

この研究から要因としてわかった「唯一性」について、プロジェクションとして考えると、主体と対象のありようが崩れて、主従が逆転している状態であるといえます。主体である自分が対象に働きかけていることに変わりはないのですが、相手がいるから自分が存在できるという感覚があるならば、その関係の主導権は自分にあるように見えて、実は「自分がプロジェクションした対象」にあります。その対象とは、現実に存在する相手そのものではなく、あくまでも自分がプロジェクションした相手（対象）なのが厄介です。いうなれば自分が作りだした幻ともいえる対象にとらわれ、その幻に働きかけることで、現実に存在する相手を激しく傷つけているのです。これは、現実の相手に幻の関係性を異投射しているというプロジェクションであり、かつそれを自分でコントロールすることができずに、暴走する自らのプロジェクションに振り回されているといえるでしょう。

よく知っている人間が、話も通じないどころか自分に危害を加える存在になってしまったら、それはどれだけの恐怖でしょうか。かつては同じ世界を見ていた人が、いまはまったく違う世界を見ているばかりでなく、その違う世界から突如やってきて襲ってくるのです。ストーカー被害の対応として、まず加害者と被害者とを物理的・心理的に引き離すことはなにより重要とされています。話せばわかる、などではなく、とにかくストーカーからの働きかけを断ち切ることです。暴走しているプロジェクションが正常なものになれば、ポジティブな新しい関係が生まれるかもしれませんが、そのような状態のプロジェクションが簡単に変容するとは思えません。そんなことを試みているあいだに深刻な被害を受けてしまう可能性のほうが高いのです。とりあえず離れて、身の安全を確保することが先決です。

先ほどの金政先生らの研究からわかったもうひとつの要因に、「反芻《はんすう》・拘泥思考」がストーカー行為に強く関連しているということがありました。反芻・拘泥思考とは、別れた相手に執着し、関係が破綻した後でも相手のことを何度も思いだしてしまうといった思考のことです。これは、現実生活と非日常世界のバランスがとれなくなったプロジェクションと考えられます。

かつて親密な関係であった相手は、現実として目の前にはいません。これまでは存在していた日常生活の範囲からもいなくなっていることでしょう。そのように「いま、そこにない」相手のことをいつまでも考えているのは、現実ではない非日常の世界だといえます。ところが、現実に生きていかねばならないのは、かつて親密な関係であった相手はもういない世界ですから、反芻・拘泥思考によって形成された表象を投射する対象は存在しないのです。それをむりやり投射しているとすれば、その対象は現実の「別れた相手」ではなく、主体が「見たいと思っている相手」であり、プロジェクションが異投射された幻といえます。けれど、唯一性のところで説明したのと同じように、異投射された対象そのものは現実に存在する人間なので、主体の働きかけはストーカー行為となって対象を激しく傷つけます。

ストーカーにかぎらず、反芻・拘泥思考は多かれ少なかれ、誰にでも経験があると思います。あまりにそれに苛《さいな》まれてしまうと、自分が疲れてしまい「もういいや、考えるのはよそう」となるでしょう。それが、現実生活と非日常世界のバランスがとれている状態です。「いま、そこにない」ものやことは、繰り返し考え続けることによって表象が鮮明になります。しかし、ないものがいくらはっきりしてきても、やはり、ないことに変わりはありません。「いま、そこにない」ことが、「いま、ここにいる」自分を苦しめているのなら、「いま、そこにない」ことを考えないのは良い策です。つい考えてしまったらとりあえず横に置いておく、あえて忘れるようにする、なども同様です。

ストーカーによる被害は身体的のみならず心理的にも深刻で、ストーカー行為は決して許されることではありません。しかし近年、ストーカー対策の一手段として加害者に対する治療などの介入の可能性も唱えられています。ストーカーの臨床的な治療については海外でも実証的な知見が極めて乏しく、治療がなされたとしてもそれは長期間にわたると考えられるため、実際には困難であることは間違いありません。ただ、少しずつですが更生プログラムなどの試みはおこなわれています。そのような介入がなされる時には、加害者におけるプロジェクションの歪《ゆが》みにも目配りされることを願っています。

アンチは推し?

ある有名人が豪華なドレス姿の写真を公開したら「さすが○○さん、こんなドレスも着こなせて素敵！」というファンからの賞賛もあれば、「また○○が似合わないくせにド派手な格好してる！」というアンチからの悪口もあるでしょう。その人のドレス姿は同じなのに、周りの反応は実にさまざまです。

とても好きで熱心に応援する対象が「推し」だとすれば、ある特定の対象を嫌って反発する人を指す言葉に「アンチ」があります。「私の推しは○○です」というのと反対に、「私はアンチ○○です」というように表現されます。アンチの対象は、推しとなる対象と同じくらい多岐にわたります。アンチには人や物だけでなく、団体、企業なども含まれます。私は「推し」を「その対象をただ受け身的に愛好するだけでは飽き足らず、能動的になにか行動してしまう対象」として定義しています。この「愛好」の部分を「嫌悪」に変えると、それはそのまま「アンチ」の定義として適用できます。つまり、アンチとはある特定の対象を見た時などに「これ、嫌い」と思うだけではなく、自分からその嫌いな対象になにか働きかける行動が見られる状態だといえます。

あなたに愛好する対象○○があるなら、試しにネットで「アンチ　○○」と検索してみてください（自分が好きな○○の悪口なんて見たくない！という人は、知っている有名人で試してください）。もし○○に対して、アンチの情報発信サイトやアンチ・コミュニティがあったら、実にさまざまな情報やコメントのやり取りがなされているはずです。アンチは時として熱心なファンのように、対象の情報を収集し、状況を詳細に分析します。そして、熱意をこめて悪口を言います。嫌いだったらわざわざ見なければいいのでは？と思うかもしれません。しかし、好きの逆は、そもそも関心がないという無関心であって、嫌いは「反転」です。対象に働きかける主体の表象はまったく異なりますが、対象へ働きかけるエネルギーの大きさは同じなのです。

「アンチは推し」などという言い方もありますが、その行動の背景にあるこころの働きには、たしかに共通点があるといえるでしょう。たとえば、推しだとしたら「あばたもえくぼ」となり、アンチであれば「坊主憎けりゃ袈裟《けさ》まで憎い」のです。これは、ハロー効果（後光効果）という現象で、ある対象を評価する時に、対象が持つ顕著な特徴に引きずられてほかの特徴についての評価が歪められてしまうことを指しています。これは、あばたという一般的にはネガティブにとらえられる身体特徴をポジティブなチャームポイントであるえくぼとする異投射、袈裟というただの衣装に憎い坊主の表象を投射してネガティブな価値を見いだすプロジェクションです。あるこころの働きが、主体の表象の違いによってポジティブにもネガティブにも同じような効果をもたらすことがわかります。

ファンからすれば、自分の好きな対象がアンチによって悪く言われるのはつらいことです。SNSなどのコミュニティでは、アンチに対してファンが、そんなに嫌いなら見ないでください！と訴えたり、私の推しはそうではない！と反論したりして、双方のぶつかり合いも激しくなります。おたがい信念とエネルギーが強いので、ばあいによってはどんどんヒートアップしてしまうこともあります。

ファンのありようにもいろいろなバリエーションがあるかとは思いますが、アンチの人たちのバリエーションはファンのそれよりも多いかもしれません。元はファンだった人がなにかのきっかけで失望してアンチになったり、なにかと目につくので見ているうちに嫌なところが多くてアンチになったり、自分の価値観と異なることが気に入らないのでアンチになったり、立場に見合わない能力なのに偉そうにしているのが癇《かん》にさわってアンチになったり、単になにかに悪態をつきたいからアンチになったり、あげればキリがありません。

いろいろなタイプがいるアンチの人たちですが、実は共通している特徴もあるのです。認知心理学の向居暁《あきら》先生らは、アンチファンの態度と行動の関連を検討しました。その結果、いろいろなタイプのアンチであっても、攻撃的なアンチ行動には、嫌悪感情を共有する喜びと「シャーデンフロイデ」が強く影響していることがわかったのです。シャーデンフロイデとは、他者が不幸や悲しみ、苦しみや失敗に見舞われたと見聞きした時に生じる、喜びや嬉しさといった快感情のことです。「他人の不幸は蜜の味」などというのは、まさにこれのことでしょう。さまざまなアンチ行動には、アンチ対象の特定の特徴や行動に対する嫌悪ではなく、アンチ対象への嫌悪を他者と共有しながら、アンチ対象の不幸を喜ぶという傾向が影響しているのです。

ファンたちは、ファン・コミュニティのなかで推しへの愛好を他者と共有しながら、推しの幸福を喜んでいます。そのように他者と「分かち合う」ことの喜びは、人類の進化を支えてきました。なんだか急に大きな話でびっくりされたかもしれませんが、人類がたどってきた長い進化の過程で、分かち合うという行動は、集団で生きる人間に結果として幸福をもたらしてきました。すると、独り占めをするような人は排除され、分かち合うことを幸せだと感じる人が集団のなかで生き残り、その人たちが子孫を残します。するとまたそのように感じる人が生き残り……という連綿とした営みが、いまの私たちに受け継がれています。分かち合うことの幸せは、いま目の前にあるモノだけでなく、感情や信念、目的や未来などでも同じようにもたらされたことでしょう。なぜなら、そのような「いま、そこにない」ものを共有できることが、人間がほかの生物とは異なり、「いま、ここにある」つながりをはるかに超えた規模で集団を形成・維持することを可能にしたからです。

分かち合うことの喜びは、分かち合う中身の良《よ》し悪《あ》しで決まるのではない、分かち合うことそのものにある、ということをアンチの例は教えてくれます。分かち合い、共感するといったこころの働きは、その内容がポジティブであれネガティブであれ、同じような効果があるというわけです。ある目標に向かって一丸となって頑張るチームと、ある人の悪口を言い合って盛りあがるグループは、気持ちの共有の楽しさという点で違いはないのかもしれません。

シャーデンフロイデも、その内容をあらためて言葉にしてみると、ギョッとするような、あるいは抱いてしまうことに罪悪感をおぼえるような感情かもしれません。けれど、シャーデンフロイデは誰でも一度は抱いたことのあるような、ごく一般的な感情です。それによって発散される鬱憤や僻《ひが》みなどの思いもあるでしょう。大切なのは、それにとらわれすぎないことです。主体と対象という枠組みで考えると、他人の不幸は対象ですから、それが生じることによってのみ主体である自分が幸福になるとすれば、主導権が対象に委ねられてしまいます。

炎上商法というマーケティング方略

SNSで拡散されたり注目されたりしている投稿や話題について、盛りあがっている状態を「バズる」といいます。SNSを見ていると、毎日さまざまなバズっている情報が流れてきて、私もいいなと思ったらしかるべきボタンを押したりしています。バズるとたくさんの人の目に触れるということで、一般の人もさることながら特に企業などはバズることを重視して、それをマーケティングに活用しようとする動きも活発です。商品や会社の宣伝として、なんといっても予算がかからず、短い時間で飛躍的に認知されるとなれば、商業CMを作って流すよりもはるかに低コストです。しかし、そうそう狙ったとおりにうまくいくとはかぎりません。

バズるのを狙ったのに失敗してしまった例は、それこそ山のようにあります。ちょっとネットで検索すれば、すぐにいくつかの事例を見つけることができるでしょう。失敗したものは「炎上」します。炎上とは「ウェブ上の特定の対象に対して批判が殺到し、収まりがつかなさそうな状態」「特定の話題に関する議論の盛り上がり方が尋常ではなく、多くのブログや掲示板などでバッシングが行われる状態」のことです（総務省・令和元年版情報通信白書）。バズるのがポジティブな盛りあがりなら、炎上はネガティブな盛りあがりだといえるでしょう。どちらも多くの人に拡散されて注目されていることに違いはありません。

私がここでとりあげたいのは、期せずしてやらかしてしまい炎上した事例ではなく、商品やサービスを販売するために、あえて批判や非難を浴びるような広告やマーケティング手法を使う「炎上商法」です。これには、炎上を利用して注目度や話題性を高め、売り上げを増やす狙いがあります。しかし、そんなことがうまくいくのでしょうか？

炎上商法の成功例として有名なものに、ルーマニアのチョコレート菓子メーカー「ＲＯＭ」のプロモーションがあります。「ＲＯＭ」はルーマニア国旗をデザインしたパッケージで、長く国民に愛されてきました。しかし、近年は「ダサい」「時代遅れ」というイメージで人気が低迷していたそうです。そこで二〇一〇年に、パッケージをアメリカ国旗をモチーフにしたデザインに変更すると宣言しました。これがルーマニア国民の愛国心に火をつけ、非難や批判が殺到しました。それはメディアでとりあげられ、社会的な盛りあがりとなりました。その後、すぐにパッケージデザインはルーマニア国旗に戻され、今回の宣言が注目を集めるためのジョークだったことがメディアで発表されます。この一連の騒動で多くの人が「ROM」に興味を持ち、商品である菓子は爆発的に売れました。これが、炎上商法で成功した事例です。

アンチのところで述べたように、好きになることの逆は嫌いになることではなく、無関心であることです。生活の必需品ではない嗜好品《しこうひん》の商品を買ってもらうには、その商品を好きになってもらわなければなりません。そのためには、まずそれに関心を持ってもらうことが必要です。そのきっかけとして、ネガティブであっても訴求効果の高い内容で話題となれば、多くの注目を集めることができます。無為無策で無関心のままでいられるよりも、悪目立ちして炎上するくらいのほうが印象に残るので、まだその後で好きになってもらえる可能性はあるというわけです。

けれど、炎上商法の成功例は少ないようです。炎上して関心を集めるところまではいいのですが、その後のコントロールがうまくいかないのです。なぜなら、炎上にいたったネガティブな要素によって、商品や企業の信頼性や好印象のイメージはかなり低減します。いったん注目されても、そこから次にポジティブな方向へ消費者の関心が動かないことには意味がありません。そして、なにより大きいのは、炎上によって「嫌い」になられてしまうことの影響でしょう。無関心なものへ関心を向けさせる、という狙いを超えて一気に嫌われてしまったら、それを反転させて「好き」にするのは至難の業です。

イメージの操作とブランディング

このように考えてみると、商品や企業のイメージというものは、他者がある程度は操作できるものだとわかります。さまざまな道具立てによって、私たちはあるモノに対するイメージを形成して、それをプロジェクションというこころの働きでモノに付加しています。つまり、道具立てをうまく操作することで、形成されるイメージを操作することができます。

私がいろいろな炎上商法の例を見てあらためて気づいたのは、イメージは操作できるけれど、それが付加されたモノを「好き」になるか「嫌い」になるかといった感情については、イメージほど他者は操作できていないのだということです。購買行動につなげるには、注目させてから興味や好意を持たせるところが重要です。感情や選択行動のコントロールができない炎上商法は、なかなかうまくいかないのでしょう。消費者は自分が自発的に選択している、という自覚を持っているのではなく、自分が買いたいから買う、という行動が他者の共感を呼んでブームを生みます。

そのような自発的な選択の操作は難しいことを私たちはわかっているがゆえに、まさかそれを操作されるとは思いもしません。だから反対に、巧妙に操作された結果の選択であっても、それを自発的に選択したのだと思ってしまうようなケースがあります。たとえば、霊感商法やオレオレ詐欺などがそれにあたります。それらにつながるプロジェクションの操作については、次の第二章で詳しく見ていきます。

イメージの操作は、形成したり付加したりする側面だけになされるわけではありません。これまでのイメージを払拭して、いったん白紙にするための操作もあります。二〇二三年九月八日、東京・原宿に体験型ジュエリーショップ「匿名宝飾店」がオープンしました。九月二〇日になって、店舗が「4℃（ヨンドシー）」という大手ジュエリーブランドのものであることが公表されました。4℃を運営するエフ・ディ・シィ・プロダクツの瀧口昭弘社長（当時）は「ブランド名によって蓄積されたイメージから離れ、今一度原点に帰ってジュエリーそのものを見てもらいたい、という思いでこの匿名宝飾店をオープンさせました」と語っています。実は4℃は、SNSでアンチの意見も少なくないブランドとしても知られています。瀧口社長は取材で「触って見てもらったうえでなにを言われてもそれは仕方がない、そういう意味では誤解を解きたいという思いはあった」と話しています。この「匿名宝飾店」には、SNSなどで広がっていたマイナスイメージを払拭したいという狙いがあったのです。

実際の来客の反応はどうだったのでしょうか。SNSの投稿などでは、ブランドイメージに左右されることなく自分の感性で楽しむことができた、気に入ったものがあったから買ってみようと思った、など好意的なものが多く見られたそうです。店舗では最後に、来場者に対してブランド名が明かされています。そのうえで実施したアンケートには、八三パーセントが「ブランドイメージが（好意的に）変わった」と回答したとのことです。この匿名店舗の作戦は、見事に成功したといえるでしょう。

このように、イメージは付加されるばかりではなく、いったん付加されてしまったイメージを取り去ることも可能です。目の前にあるジュエリーにはなんの変化もないのですが、ブランド名によってあるイメージが投射されていたジュエリーへの想いや価値と、なんの先入観もなく見たジュエリーへの想いや価値は違っています。通常のブランディングではイメージを付加させることに腐心します。しかし、既存のイメージがマイナスであったばあい、それを払拭するためにあえて確立されたブランドを捨ててみることで、投射されるイメージが消失します。実際に存在するモノだけを見て、それが良いモノであるという新たなイメージが付加されれば、マイナスをプラスに転じさせる効果もあるのです。この匿名宝飾店の事例はそれに成功したと同時に、イメージというものがいかに曖昧でうつろいやすいものであるかも教えてくれます。

ブランドによるイメージという虚像と、実体として存在するモノ（や人間）、この虚実を結びつけているものがプロジェクションです。虚像をうまく利用すること、実体で勝負すること、そのバランスがブランディングにおいて特に重要であるのはいうまでもありません。ブランディングとは、虚実のはざまにある消費者や大衆のプロジェクションをどのようにコントロールしていくかという作業だといえるのです。

プロジェクションのポジとネガ

ここまで、プロジェクションのさまざまな事例として、推しがもたらす非日常の楽しみの一方でのめりこみすぎて現実生活に支障をきたす様子、それまで親密であった関係が一転した時に歪んだ思いこみによるストーカーを生んでしまう事態、ある対象を熱愛するファンと激しく嫌悪するアンチの共通点、ポジティブなバズりにもネガティブな炎上にもあるイメージの操作などを見てきました。

プロジェクションというこころの働きがもたらす功罪は表裏一体です。良いプロジェクションと悪いプロジェクションがあるのではなく、プロジェクションによる結果が良いばあいも悪いばあいもあるのです。それは表裏というよりは、グラデーションといったほうが的確かもしれません。本章の事例が示していたように、あるプロジェクションにおいて、現実と非現実／主体と対象のバランスがとれている時と崩れている時で、その効果は違ってきます。そして、効果の結果が良いものであるか悪いものであるかは、法律的な判断が可能なばあいもありますが、人によって、社会によって、時代によってなど、さまざまに変化することもあります。

プロジェクションというこころの働き、認知の広がりを手に入れた人間は、目の前の現実だけではない非現実をも生きることができます。目の前のモノに物理的な情報だけでない表象をも映しだすことができます。物理的な現実世界だけではない非現実や表象からなるイメージをも自在に操作することができます。

第二章と第三章では、プロジェクションの「操作性」に注目して、それがネガティブな効果を発揮してしまう事例について見ていきましょう。あなたが自分のプロジェクションを自在に操作できるということは、他者からもあなたのプロジェクションが操作されうるということでもあるのです。また、あなたが意識しているプロジェクションを操作できるということは、意識できないプロジェクションは操作しにくいということでもあります。

他者にプロジェクションが操作されてしまったら、どんなことが起こるのでしょうか？　無意識のプロジェクションから、どんなことが生じるのでしょうか？　「操る／操られる」「意識的／無意識的」という視点から、あらためて考えてみませんか。

第二章　そのプロジェクションは他者から操作されている

プロジェクションの「操作性」

モノマネ芸を見たことがないという人はいないでしょう。マネされる元の人とは似ても似つかない人が、化粧や服装や話し方や歌声を工夫することで、まるでそっくり！と驚くようなモノマネを披露します。でも、それをそっくりだと楽しんで見ている観客は、決してモノマネを本物だと勘違いしているわけではありません。たとえば、美川憲一さんのモノマネをしているコロッケさんを見て、これは美川憲一ではなくコロッケだと認識しつつ、自分の内部にある美川憲一の表象を、美川憲一さんのモノマネをしているコロッケさんにプロジェクション（異投射）しています。

落語の噺家が話しながら上手に食べる仕草をすると、見ていて思わずごくりと喉が鳴るくらい臨場感があります。ここでも、観客はそこに食べ物がないことをしっかりと認識しています。

しかし、噺家の細かい動作や小道具の使い方、えもいわれぬ表情などから、おいしそうな蕎麦の表象をそれらにプロジェクション（虚投射）しているのです。

プロジェクションというこころの働きには、とても「操作性が高い」という特徴があります。操作性が高いというのは、自分でプロジェクションしようとして、することができる、ということです。モノマネをより楽しみたかったら、自分の内部にある表象をできるだけ鮮明なものにして、目の前にある対象と注意深く重ね合わせます。そうしてプロジェクションがうまくできたなら、モノマネがとてもおもしろく感じられます。落語にでてくる蕎麦も同様です。

一方で、美川憲一さんを知らない子どもや、蕎麦を見たことも食べたこともない外国の人などには、どんなにコロッケさんのモノマネが上手でも、どんなに噺家さんの芸が至高でも、まったく効果はありません。それは対象にプロジェクションするべき表象が、その人の内部にないからです。そして、たとえ自分の内部に表象があったとしても、モノマネや落語を見て、自分の内部にある表象をしっかりとプロジェクションしなければ、そこに美川憲一さんやおいしそうな蕎麦はでてきません。

このように考えてみると、プロジェクションという「作りだした意味、表象を世界に投射し、物理世界と心理世界を重ね合わせる」こころの働きを、私たちはかなり意識的に操作できることがわかります。たとえば、大事な試験本番で緊張してしまうから、これは本番ではなく、いままでのような模擬試験なのだと思うようにしてみたり、カニが食べたいけど高くて食べられないからカニカマを食べて満足する、などの行為は、自分のプロジェクションを自分の意図に沿って操作している例です。これはつまり、自分で自分をうまく騙《だま》しているわけです。

自分で操作しやすいことは、他人からも操作されやすい

第二章で考えていきたいことは、プロジェクションの操作性の高さが、ネガティブな効果を生んでしまうさまざまな事例と問題です。プロジェクションを自分で操作することによって、自分をうまく騙せるのであれば、それがもし他人によって操作されてしまったら、うまく騙されてしまうのではないか？　まるでカニのようなカニカマを「カニみたいでおいしいね！」と子どもと一緒に喜んで食べながら、これってプロジェクションのなせるわざだと思っていたら、そんなことに気がつきました。

そして、報道される霊感商法やオレオレ詐欺の被害のニュースを見ていた時に、これらはまさにプロジェクションによる騙しの結果だと思いました。なんでもない壺《つぼ》に何百万円という大金を支払ってしまった霊感商法の被害者、まったくの他人からの電話を息子からの電話だと思って何百万円という大金を支払ってしまったオレオレ詐欺の被害者、彼らは騙されています。騙されたから、そんな大金を自分から支払ってしまったのです。その騙しは、なんでもない壺

に大金を払う意味が、他人を息子だと思いこむ意味が、目の前の壺や、かかってきた電話にプロジェクションされた結果です。

そのプロジェクションは被害者が自分でしているのですが、そうやってプロジェクションするように、他人が操っているのです。プロジェクションは、いろいろな情報と状況がそろった時になされます。モノマネや落語でも、素人がいきなりやってみたとしても、観客を感動させるような出来にはなりません。それは観客が表象をうまくプロジェクションできないからです。つまり、一流のモノマネ芸人や噺家は、情報と状況を整えることによって、他者のプロジェクションが上手になされるようにコントロールできるのです。

それが詐欺に利用されたとしたらどうでしょう。ただし、モノマネ芸人や噺家の技と霊感商法やオレオレ詐欺の首謀者の企てとでは、決定的に違うことがあります。それはプロジェクションの「作りだした意味、表象を世界に投射し、物理世界と心理世界を重ね合わせる」という働きにおいて、詐欺の首謀者は、意味や表象を作りあげるところから操作することです。モノマネ芸人や噺家は、その人の内部にすでにある意味や表象へフォーカスし、それを外部世界にプロジェクションすることを促します。ところが、霊感商法やオレオレ詐欺では、他者のこころという内部に入りこみ、情報と状況を整えることによって、詐欺の首謀者が意図する意味や表象を作りあげてしまうのです。そのようにして、他者によってむりやり作りあげられた意味や表象は、もともとは現実世界にはまったく存在していなかった、仮想のものです。けれど、作りあげられた意味や表象が仮想であっても、それが現実世界にプロジェクションされたとたん、仮想はあたかも現実であるかのように動きだします。そうやって動きだした、現実であるかのような仮想のものに、私たちは振り回されてしまうのです。

イマジナリーフレンドならぬ、イマジナリー○○

心理学や精神医学の用語で、イマジナリーコンパニオン（空想の友達）というものがあります。第一章でも虚投射の例としてだしましたが、イマジナリーコンパニオンとは、実在する友達のように思っている、名前や性格や視覚的な特徴のある空想の友達のことです。おもに児童期に見られる現象で、その子ども以外の人にはイマジナリーコンパニオンの存在がわかりません。これは一般には「イマジナリーフレンド」という名称で知られている現象です。

この第二章と次の第三章でとりあげる問題は、イマジナリーフレンドのように、その人以外にはわからない「イマジナリー○○」によるプロジェクションが引き起こす、ネガティブな事例の数々です。第二章では、先ほどからお話ししているような「他者によって作りあげられたイマジナリー○○」に焦点をあてます。具体的な事例として、霊感商法、オレオレ詐欺、陰謀論、戦争時のプロパガンダをとりあげます。

霊感商法は「先祖の悪行が祟《たた》っている」「これをしないとあなたは不幸になる」などと言います。これはいわば呪い（curse）でしょう。呪いはおしなべてイマジナリーなものですが、それを勝手な言いがかりとは思わず、言われたことにお金をだすのは自分の幸福のための使命だと思わされているとしたらどうでしょうか。オレオレ詐欺では、実際にはまったく事故は起こっていません。被害者が電話を聞いて慌てているのは、犯人によって作りあげられたイマジナリーなアクシデントのせいなのです。陰謀論でも、実際に陰謀があるかどうかはわかりません。でも、陰謀論者は自分だけが知っているイマジナリーな陰謀を信じています。戦争時のプロパガンダでは、それぞれの国の正義が宣伝されます。それは国によってまったく異なるイマジナリーな正義です。そんな正義を国民に対して国が主導して作りあげているのです。

ここからは、他者が個人のこころへ入りこみ、ある意図にもとづいて意味や表象を作りあげ、それを現実世界にプロジェクションさせる、そのメカニズムと影響について考えていきましょう。他者にプロジェクションを操られることの悲劇、人間のこころの曖昧さや認知の偏りや歪みがもたらす愚行、そして負の歴史から学ぶことの大切さを見ていきたいと思います。

イマジナリー・カース　霊感商法：この壺が私を救ってくれる

二〇二二年七月、安倍晋三元首相が街頭演説中に銃撃されて死亡した事件では、山上《やまがみ》徹也被告が殺人や銃刀法違反などの罪で起訴されています。山上被告は母親が多額の献金をしていた「世界平和統一家庭連合（以下、旧統一教会）」に恨みを募らせた末、事件を起こしたと見られています。被告の母親は長年にわたり、死亡した被告の父親の生命保険金や、被告の祖父から相続した不動産を売った金などあわせて一億円超を、旧統一教会に献金していたとされています。

この事件をきっかけに、一九八〇年代から問題になっていた信者に対する高額な献金の強要や霊感商法が、再び大きな社会的関心を集めることになりました。二〇二二年一二月には、教団の被害者救済を図るための新たな法律が成立しました。法人が霊感などの知見を使って不安を煽《あお》り、寄付が必要不可欠だと告げるなど、個人を困惑させる不当な勧誘行為を禁止することなどが定められました。禁止行為に違反し、行政の勧告や命令に従わなかったばあいには、一年以下の懲役か一〇〇万円以下の罰金という刑事罰も科されます。

霊感商法とは、霊能者や占い師を装った人物が「いまのままではあなたや家族が不幸になる」「〇〇をしないと先祖の祟りがある」などと言って不安や恐怖を煽り、数百万円もの高額な壺や印鑑や数珠などを購入させたり、多額の寄付をさせたりして、不当に大金を奪いとる商法のことです。

旧統一教会の霊感商法による被害については、私もニュースなどで子どもの頃から知ってはいました。けれど、壺などに何百万という大金を支払ってしまったという被害者のニュースを見て、子どもなりにまず疑問として浮かぶのは、どうしてなんでもない壺に、自ら進んで大金を出してしまうのだろう？ということでした。ニュースの画面を通じて見る壺はごくありきたりなものでしたし、宗教的な意味があるのだろうという先入観も手伝って、なんだかすごく奇妙な行動だなあ、という認識で理解が止まっていたように思います。

大人になると、これは不当に大金を奪いとる悪質な詐欺行為であることがわかります。けれど、常識的に考えれば大金を支払う価値などありそうもない壺に、自分から大金を支払ってしまうという奇妙な行動への違和感は解消されませんでした。

ところが、安倍元首相の銃撃事件以降、旧統一教会の霊感商法に関する報道が連日のようになされていた時、これこそがプロジェクションだと得心しました。私が子どもの頃からずっと奇妙に感じていた被害者側の行動は、プロジェクションの異投射によって引き起こされているのだということがわかったのです。

霊感商法の手口とプロジェクション

そもそも霊感商法とは、どのようなプロセスでなされるのでしょうか。霊感商法の首謀者が狙うのは、なにか解決しがたい悩みや不安、トラブルを抱えて苦しんでいる人です。そのような状態がある程度の期間続いていたとしたら、人は精神的に不安定になってしまいます。大きな悩みや不安がなく、精神的に健康な状態であれば、霊能者や占い師などを訪ねてみようという気持ちにすらならないかもしれません。しかし、そうではない時、なかには、自然を超えたなにかにすがりたくなる人もいるでしょう。霊感商法の首謀者たちは、そうして近づいてきた対象者の精神的な不安定さを巧妙に利用するのです。

ある程度の規模で組織的な霊感商法を実施するグループのばあい、首謀者と協力者が複数人でチームを組んで対象者を取りこんでいくやり方が多く見られます。まずは、協力者が対象者と知り合いになり、徐々に交友を深めていきます。親しくなると、何気ない会話のなかで、困りごとや悩みについて水を向けられたら、対象者は協力者につい話してしまうこともあるでしょう。そこでたとえば、肩こりがひどくてつらい、などと言われたら「たかが肩こりと甘く見てはいけない。もしかしたら大きな病気につながるかもしれない」「実は、すごくいい人を知っているのだけど」と霊能者や占い師を紹介します。「特殊な力で悪いところを見つけてくれて、肩こりを治してくれる」「人助けが趣味のような人だから、料金はかからない」「お願いする人が多いから、ふだんは何ヶ月も先まで空きはないけれど、今回はキャンセルがあったので特別に会えるチャンス」などと言葉巧みに誘います。最初はあまり乗り気でなかった対象者も、「この人が熱心に誘ってくれるから」「料金がかからないなら」「せっかくのチャンスなら」まあいいか、というくらいの気持ちで首謀者たちのところへ向かいます。

そうして対象者が自分たちのところへやってきたら、しめたものです。霊能者や占い師は、対象者と初対面であるにもかかわらず、ひどい肩こりに悩まされていることをズバリと言い当てます。それどころか、家族や仕事のこと、ふだんの行動傾向や好きなことなども、初めて会ったのに、どんどん当ててみせます。当てられた対象者がとても驚いて、この人の特殊な能力はすごい、と思うのも無理はありません。

タネ明かしは簡単です。対象者と親しくなっていた協力者がすでに聞きだしていたさまざまな情報を、事前に霊能者や占い師が把握していたにすぎません。けれど、対象者はそんなことなど夢にも思わないので、まるで上手な手品を見て「これは魔法か?」と驚くような気持ちです。最初は霊能者や占い師に対して、どうということはない心持ちだった対象者が、この霊能者（や占い師）はすごい人だという意味づけをおこない、目の前の霊能者（や占い師）への気持ちが劇的に変化します。ここで、これまでになかった強いプロジェクションがなされたというわけです。

ここからは、プロジェクションとの関連で、詳細なプロセスを見ていきましょう。目の前の人物には特殊な力があると信じこんだ対象者に、「○○をすれば、すぐに肩こりは治りますよ」とアドバイスをします。信じている対象者は○○をしてみますが、肩こりは一向に良くなりません。それはあたりまえ、アドバイスはなんの根拠もないインチキなのですから。しかし、あの人はすごい霊能者だ、という強いプロジェクションをしている対象者は、アドバイスがインチキであるとは考えません。治らないのは、なにかほかの原因があるのではないか、あの人ならそれも教えてくれるかもしれない、と考えます。

そうして再び霊能者や占い師と会うことになったら、いよいよ首謀者たちは本気で対象者をからめとる作業に入ります（先ほどの簡単なアドバイスのプロセスを省略して、初回からこの段階に進むことも多いです）。不安を抱えたままの対象者に対して、霊能者や占い師は「たしかに原因はほかにある。なんと先祖の悪行が支障をきたしている」「このままではもっとひどいことが起こる」「家族もろとも不幸になる」などと告げます。自分がすごいと信じている霊能者や占い師から、突然そんなことを断言されたらどうでしょうか？　おそらくとても動揺してしまうはずです。

もともと精神的に不安定な状態だったところへ、このようなことを「指摘」されたら、言い知れない不安でいてもたってもいられないくらいでしょう。いったい私はどうしたらいいのだろうと、途方に暮れてしまうはずです。そこへすかさず、首謀者たちの真の働きかけがなされます。「大丈夫、あなたが救われる方法がひとつだけある」と。そうやって提示される方法が、法外な値段で壺や数珠などを購入することなのです。

なぜ自分の不幸がこの壺を買うことで解消されるのか、そこに合理的な説明はまったくありません。けれど、そんなことは問題ではないのです。すごいと信じている人が目の前にある壺について「これには特別な力を授けておいた」と言えば、なんの変哲もない壺に対して、自分の不幸を解消してくれる特別な壺である、というプロジェクションがなされます。そうなると、その壺は自分にとって特別なものですから、高額の支払いをするだけの「価値」を見いだすことになります。

自分の内的世界のもやもや

それにしても、肩こりなんてものをきっかけにこうなるだろうか?と思う人もいるかもしれません。たしかに、本当に肩こりで困っているなら、しかるべき病院などに行けばいいのですから、病院に行かない程度の肩こりは、それほど深刻な悩みではないともいえます。しかし、ここで重要なことは、病院に行くほどでもないけれど「なんとなく気になっている」という点です。このように、本人は悩みとは思っていないようなことにわざわざ注意を向けさせ、それがさらに大きな問題を引き起こすかもしれないという不安を吹きこむのです。なんとなく気になっていたことがぼんやりした不安として大きくなり、どうしたらいいのか困惑している時に、鮮明な解決策として登場するのが壺です。これがまさに、プロジェクションが大きく関わっているところだといえます。

さらに違う例でも考えてみましょう。大切な人や家族がなにかの問題で深く悩んでいる、けれど自分が直接それを解決することはできない、大切な人や家族の苦しみを前にして自分はどうしたらいいのかわからず八方塞がりのなかにいる、そんな苦しみがあります。そんな時に、「この不幸の原因は先祖の祟り」「けれど大丈夫、特別な力が宿っているこの壺を買って手元に置くことでお祓《はら》いができる」「買わないともっと大変なことになる」などと言われたらどうでしょう。藁《わら》にもすがる思いで、いいえ、もしかしたらやっと光明を見つけたという安堵《あんど》とともに、なんの変哲もない壺に大金を支払うかもしれないのです。

病院に行くほどでもないが気になる身体の不調と、大切な人や家族の苦しみでは、悩みの本質が異なるのではないかと思われるかもしれません。しかし、プロジェクションという視点からとらえてみると、それらには共通点があります。自分ではどうしようもないからどうしたらいいのかわからないことや、原因が複雑なうえに解決策がはっきりしないのでぼんやりした不安が大きくなることなどです。

プロジェクションとは、自分の内的世界を外部の事物に重ね合わせるこころの働きです。外部の事物とは、現実に存在していますから具体的ではっきりしています。一方で自分の内的世界とは、言葉にすらできないようなイメージでもありますから、はっきりとしたなにかではなくもやもやしています。そのもやもやが外部の事物に投射された時、自分の内的世界をはっきりとしたなにかとしてとらえることができます。これはプロジェクションがもたらす効果のひとつです。

ずっとあなたを苦しめていたことの原因は○○だと断定し、解決策は目の前の壺という具体的な物体の購入として示す、霊感商法がやっていることはつまり、内的世界のもやもやと解決策を目の前の壺に投射させるプロジェクションのプロセスです。これを買わないともっと大変なことになる、という呪いともいえる脅しは、内的世界のもやもやを故意に増長させて、これしかないという解決策を、よりはっきりと印象づけるために効果を発揮します。

たとえば、私はとても視力が悪いので、メガネやコンタクトレンズをつけていないとほとんどなにも見えません。ぼんやりした視界ではなにをするにも不安です。しかし、メガネやコンタクトレンズをつければとたんに世界がはっきりして、なによりもまずは安心します。霊感商法で壺を見せられた人は、そのような気持ちなのかもしれないと想像します。

私が許せないと思うのは、霊感商法がそもそもつかみどころのない不安を増大させたり、あろうことか故意に植えつけて、そこに生じるプロジェクションというこころの働きを利用し、大金を詐取していることです。そして、霊感商法が社会的な問題となるのも、まずはそのような法外な金額です。

ある時、子どもが私にお土産をくれました。出かけた先で「お守り天然石」というものを買ってきてくれたのです。パッケージを見ると「この石を持っていると、仕事にやる気がでて意欲的に取り組めるでしょう」と書かれています。子どもが「本がうまく書けない時は、この石を撫《な》でるといいんじゃない？」と言うので、原稿がなかなか進まなくて苦しい時（それはしょっちゅうですが）、私はやる気がでるように念じながらこの石を撫で回しています。そして、なんとなくやる気がでたような気がしないでもないと思うのは、間違いなくプロジェクションの効果です。

これが霊感商法と異なるのは、むやみに不安を煽ったりしないのは当然としても、この石が三〇〇円だからです。ただの石だと思うとちょっと高いかもしれませんが、お守りだと思えば妥当な価格です。私も三〇〇円分のやる気がでればありがたい、くらいの気持ちで撫で回しています。神社やお寺で売られているお守りやお札、お金を払ってやってもらうお祓いの儀式なども、プロジェクションとしては霊感商法の壺と同様です。それが霊感商法とは異なり世間で問題とならないのは、先ほどの石と同じく常識的な感覚として価格が妥当だからです。

「いま、そこにない」ものがもたらす不安

自分ではどうしようもない問題とともに過ごしている時に、大切な人や家族を苦しみから救える方法がある、と知らされたらどう考えるでしょうか。なにをおいてもそれをしなければと

思うのは、決しておかしなことではありません。

プロジェクションで投射される自分の内的世界には、「いま、ここにある」物理世界とは異なり、「いま、そこにない」ものが含まれます。霊感商法で吹きこまれることは「先祖の悪行」や「この先の不幸」であり、それはどれも「いま、そこにない」ものです。本当のところは誰にもわかりません。信じなければ、そんなものはどこにもないことになり、信じてしまえば、「いま、そこにない」からこそ、ずっと自分とともに、ここにあり続けることになります。ないかもしれないけれど、あるかもしれないものを「ない」とするのは案外、難しいのです。

霊感商法や後述するオレオレ詐欺などの被害者に向けられる言葉によくあるのが「でも、つまりは自分からお金をだしたんでしょう？　強盗みたいにむりやり奪っていったわけではないのだから、ある意味で自己責任なのでは？」というものです。はたして本当にそうでしょうか。被害者の一連の行動の背景に、プロジェクションというこころの働きがあり、そして加害者は、そのこころの働きを利用して被害者が大金を支払うように仕向けているのだとしたら、それでも同じようなことを言えるでしょうか。

あるかもしれない「いま、そこにない」ものは、いまはないけど、これからあるかもしれないという不安を生じさせます。そのような状態にさせた人を、霊感商法の首謀者たちは巧妙なお膳立てをして招き入れるのです。騙されるほうが悪い？　いいえ、決してそんなことはありません。第一章の図1で示した錯覚の例を思いだしてください。プロジェクションの虚投射の例として示した図形には、あるはずのない三角形がたしかに見えます。

首謀者たちの巧妙なお膳立てとは、この一部が欠けた円図形を的確に配置するような行為です。少しでもズレていたら三角形などまったく見えないのですが、ある位置で配置されると、とたんにはっきりとした三角形が出現します。しかしそれは、実際はそこにはないのです。三角形はないとわかっていても、はっきりと浮かびあがったそれを「ない」と思うのはむしろ難しいはずです。プロジェクションというこころの働きがあるからこそ、ある条件が整えば、いやおうなしに自分のなかにある三角形の表象を外部に映しだしてしまい、見えないはずのものを鮮明に見てしまうのです。それでも、騙される（錯覚する）ほうが悪いと考えますか。

プロジェクションするから騙される

錯覚の例はあくまでも知覚の問題であって、詐欺などの複雑な事例にはあてはまらないと思うかもしれません。では、マジックショーの例で考えてみましょう。プロジェクションを利用した騙しの仕組みとしては同じことです。

私は子どもの頃からマジックショーを見るのが大好きでした。好きならば自分でもやってみたくなるものです。子どもには高価な手品セットがデパートの一角で売られているのを見て、ずっと貯《た》めていたお年玉でそれを買おうかどうしようか、何年も迷っていたくらいです。結局、私は手品セットを買わなかったのですが、それは自分が練習してもマジシャンのようにうまく使えるようになる自信がなかったからです。手品には道具を使いこなすテクニックが重要であることは間違いなく、手品のおもしろさとはそのようなテクニックが生みだす「騙し」であるといえます。子どもの時にテレビでマジックショーを見ていたら、横にいた母が「私は手品って騙されてるみたいで好きじゃない」と言ったので「それが魔法みたいだからおもしろいのに！」とびっくりした記憶があります。

タネも仕掛けもございませんというマジックショーには、必ずタネと仕掛けがあります。観客の外界に対する思いこみや内部にある表象を利用した巧妙な仕掛けによって、あらかじめ仕込まれたタネが思いがけない結果を目の前に披露します。タネと仕掛けがあると承知していても、思いがけないことが現実に起こると、まるで魔法のようだと感じます。では、タネと仕掛けがあるなどと考えもしない状態で、マジックショーを見せられたらどうでしょう。「まるで」ではなく、「間違いなく」魔法だと思うのではないでしょうか。

霊感商法の首謀者たちがやっていることは、これと同じことなのです。マジックショーを見て、一流のマジシャンの華麗なテクニックに感嘆こそすれ、騙されている観客をバカにしたりはしないでしょう。外界に対する思いこみや内部にある表象を利用した巧妙な仕掛けと、あらかじめ仕込まれたタネがあれば、現実世界に本当はありもしないことをプロジェクションさせるのは難しくないのです。それはいわば、他者によって操られたプロジェクションといえるでしょう。

プロジェクションの非共有による社会からの断絶

ところが、他者によって操られたプロジェクションにもとづいて、実際に行動をするのは自分であることが、霊感商法や後述するオレオレ詐欺などの事例の厄介なところです。現実にはありもしないことをプロジェクションさせられ、かきたてられた不安や起こったと思いこんだトラブルを解決しようとする能動的な働きかけが、大金の支払いという行動としてあらわれます。被害者のこころの働きであるプロジェクションは他者にはわからず、目に見えるかたちは、自分から大金を支払うという行為だけです。

首謀者によって操られた被害者のプロジェクションは他者にはわからないので、被害者がたいして価値のなさそうな壺などに大金を支払う意味もわからず、被害者の行動はとても奇妙なものとしてしかとらえられません。家族など非常に近しい間柄であっても、霊感商法の被害者が理解されずに孤立してしまうのは、被害者の操られたプロジェクションが（首謀者以外とは）誰とも共有されていないからです。背景にあるプロジェクションが共有できなければ、あらわれる行動の意味を理解することはできないでしょう。霊感商法の二次的な被害として、被害者が家族や社会から断絶されてしまう事態の原因は、操られたプロジェクションの非共有にほかなりません。

プロジェクションを他者と共有できたりできなかったりすることについて、このような事例で考えてみましょう（図4）。ある記号があります。Xさんは、A—ある記号—Cという並びで、ある記号を認識します。Yさんは、12—ある記号—14という並びで、ある記号を認識します。それぞれに、この記号は何ですか？と聞くと、Xさんは記号がBだと言います。Yさんは記号が13だといいます。これは、心理学で「文脈効果」といわれるこころの働きを説明するためによく使用される記号です。文脈効果とは、前後の刺激や環境が対象の知覚に影響を与えることを指します。

この事例は、与えられた周辺情報によって構成される表象が変わり、それぞれの表象が投射されることでモノの意味が変わることを端的にあらわしています。知覚したある記号（外界のソース）は、文脈効果によって表象を構成します。その表象がある記号に投射されます（ターゲット）。XさんとYさんでは構成された表象が異なるので、ある記号は同じであるにもかかわらず、それぞれ意味の異なるモノとしてプロジェクションされます。

ここでZさんにも、A—ある記号—Cという並びである記号を見せたら、ZさんもXさんと

図4　文脈効果の例

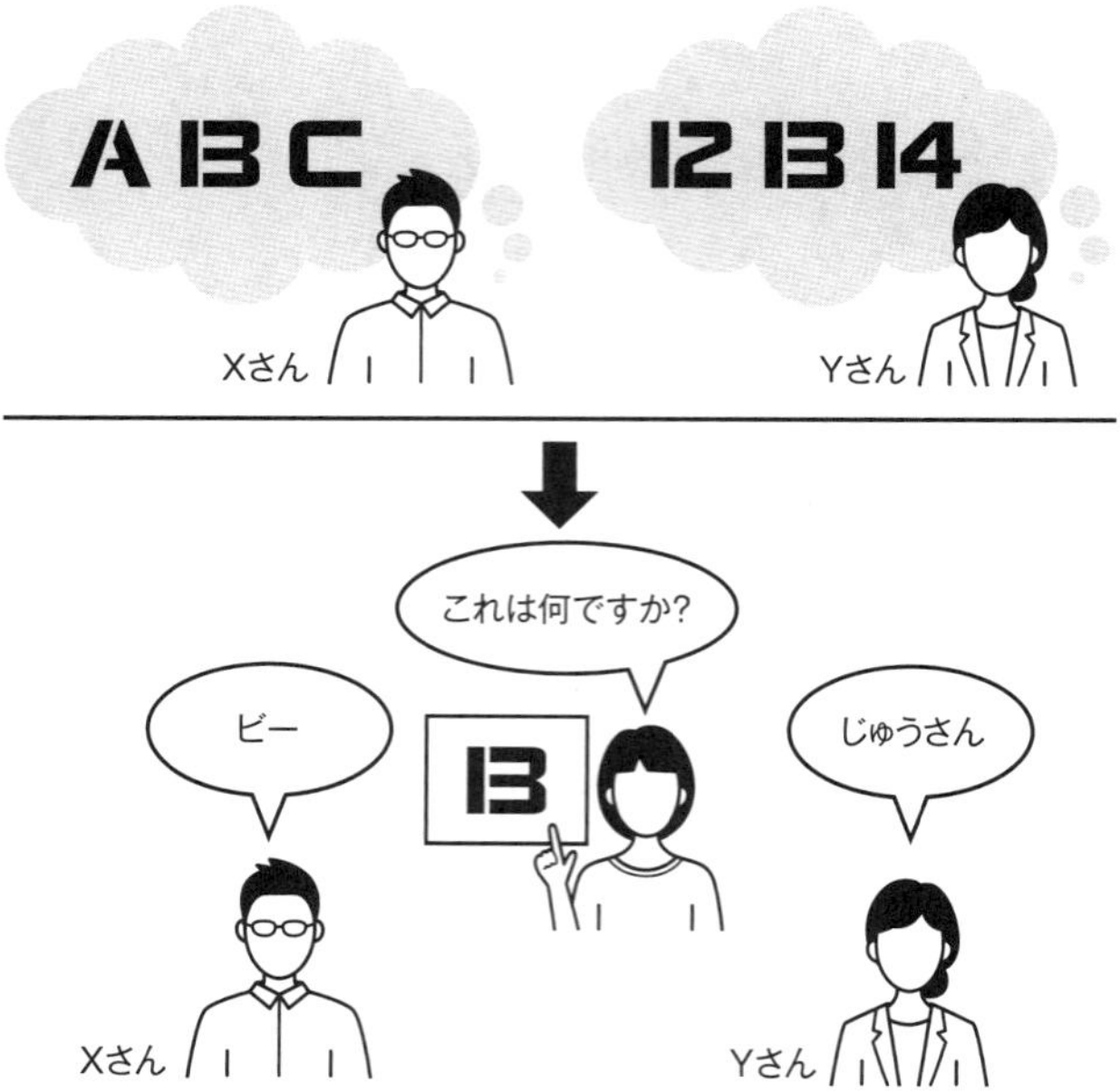

同じく、ある記号がBだと答えるでしょう。XさんとZさんでは、同じプロジェクションが共有されています。しかし、12—ある記号—14という並びでしか見ていないYさんには、どうしてXさんとZさんがこの記号を13ではなくBと答えるのか、理解できません。同じ記号を見ているのに、Yさんのプロジェクションと、XさんZさんのそれはまったく違うものなのです。

これを先ほどのマジックショーの例で考えてみると、霊感商法の首謀者はとても腕の良いマジシャンで、被害者はマジックショーを正面のかぶりつきで見ている観客です。正面の観客には、外界に対する思いこみや内部にある表象を利用した巧妙な仕掛けがしっかりと機能し、あらかじめ仕込まれたタネは絶対に見えません。しかもこの正面の観客には、実は手品だと知らせていないので、起こったことは本物の魔法だと思っても無理はありません。しかし、同じマジックショーを横や後ろから見ていたらどうでしょうか。巧妙な仕掛けも角度によってはよく見えないために機能せず、仕込まれたタネも丸見えです。だとしたら、最初から手品だと知らなくても、これはインチキだ！とすぐにわかってしまいます。この横や後ろから見ているのが被害者に近しい家族や友人だとしたら、これはインチキだから目を覚ますようにと説得するでしょう。けれど被害者は簡単には納得しないはずです。おたがいに「なにを言っているんだ、これが見えないのか」と自分から見えるものを説明しますが、それは相手には見えていない仕掛けとタネによる、それぞれのプロジェクションの産物なのです。

他者のプロジェクションを操るには、その人に照準を定めた巧妙な仕掛けとして、正確な情報や適切な材料が必要です。逆に、そのようなものがあれば、他者のプロジェクションを操ることは難しくないのです。それぞれのプロジェクションが異なれば、世界の意味は異なり、それは時として人間関係の断絶にいたるまでの影響をおよぼします。霊感商法の被害者が、家族や友人とプロジェクションを共有できずに孤立していくことは、首謀者にとっては好都合でしょう。首謀者において重要なのは被害者（の財産）だけであり、家族や友人は対象外です。また、孤立した被害者はプロジェクションを共有してくれる首謀者や同じ仲間だけをますます頼りに思うでしょうし、そうやって被害者のプロジェクションをさらに強固にしておけば、家族や友人がなにを言っても簡単には説得されないからです。

強盗のように身体を縛りあげてむりやり大金を奪うわけではない、被害者は自分から大金を支払っているのだからなにも悪いことはしていない、という霊感商法の首謀者たちの主張は間違っています。霊感商法はプロジェクションというこころの働きを悪用し、狙いを定めた巧妙な仕掛けによって、被害者のこころを縛りあげてむりやり大金を奪っているのです。そして、財産を奪うだけでなく、家族や友人などの人間関係も破壊します。被害者の行動だけに着目しては、問題の本質は見えてきません。霊感商法だけにとどまらず、不安や恐怖を植えつけて他者のこころを操ることの罪深さを、あらためて考えなければならないでしょう。

霊感商法って、つまり宗教なんでしょう?

これだけ霊感商法は詐欺で犯罪だ、と説明しても「そういっても霊感商法って、つまり宗教なんでしょう？　その人が信じてるのだったら、そういうものなんじゃないの」という人は少なくありません。たしかに、なにかを信じている人を「騙されている」と証明するのは難しいでしょう。

日本では古代からいろいろな現象や事物、太陽や月、トイレにまで、すべての物に神が宿っていると考えて、そのような無数の神々を「八百万《やおよろず》の神」として崇《あが》める風習がありました。鰯《いわし》の頭も信心から、という言葉があるように、一度信じてしまえばどんなものでもありがたく思えるものです。身近なものに対する信心についてハードルが低い、そのような文化が背景にある社会では、なんでもない壺や石を信じて願掛けをすることは、それほど違和感のない行為かもしれません。

現在の日本は、信教の自由を認めており、どんな宗教を信じていてもいいのです。だからこそ、あきらかに詐欺行為であっても「宗教のような装い」をしていると、詐欺だと気づかれにくく、その家族や周囲の人がなんとなくおかしいなと感じても、「宗教」と思うとつい及び腰になってしまうのではないでしょうか。

霊感商法やマインド・コントロールの被害者救済に詳しい弁護士の紀藤正樹《きとうまさき》先生は、宗教的な装いを持つ霊感商法やマインド・コントロールなどについて、どこからが社会的な逸脱や違法と見るか、線引きが必要であるとしています。ただし、法律の世界では、自由な意思を持つ人が、詐欺にあったり脅迫されたりして他者の言うがままに行動した時に、犯罪になったり違法となるばあいがあると認めているのです。

マインド・コントロール研究の第一人者でもある社会心理学の西田公昭《きみあき》先生は、カルトを「比較的少人数で何かを熱心に信じている信者グループのこと」として、多くの人がイメージする反社会的で危険なカルトは宗教的な「破壊的カルト」であるといいます。宗教とそのようなカルトには大きな違いがあるという西田先生は、健全な宗教は安心感を提供するとしています。対して、破壊的カルトは個人の自由を奪い、個人を縛るといいます。「〇〇しなかったら不幸になる」と言って不安を与え、こころを縛るのは、健全な宗教とは異なるでしょう。

宗教とプロジェクションは、とても深く関わっています。神や仏といった「実在しないもの」を想像して信じること、神や仏の存在を現実世界の像や儀式などの事物に投射することは、プロジェクションの異投射や虚投射そのものです。そしてそれは、個人でなされる信心のレベルを超え、多くの他者と共有されるプロジェクションでもあります。健全な宗教と破壊的カルトとの違いについてプロジェクションの観点から考えると、第一章のストーカーや推し疲れの事例で見たような「現実生活と非日常世界とのバランス」の問題と同様であるといえます。自分のありようをより良くしたいと願うのが信仰だとしたら、信仰することが自分自身を脅かしたり蝕むようなことがあれば、それは本末転倒ではないでしょうか。

イマジナリー・アクシデント　オレオレ詐欺：子どもの危機を私が救う

警察庁は、特殊詐欺を「被害者に電話をかけるなどして対面することなく信頼させ、指定した預貯金口座への振込みその他の方法により、不特定多数の者から現金等をだまし取る犯罪（現金等を脅し取る恐喝及びキャッシュカード詐欺盗を含む）の総称」としています。警察庁の広報資料によると、令和四年の特殊詐欺の認知件数は一万七五七〇件、被害額は三七〇・八億円で、前年に比べて認知件数と被害額ともに増加しています。そのような特殊詐欺のなかでも、警察庁が「オレオレ型特殊詐欺」としている「オレオレ詐欺」「預貯金詐欺」「キャッシュカード詐欺盗」の三種を合わせての認知件数は九七二四件、被害額は二〇五・一億円で、特殊詐欺の総認知件数に占める割合は五五・三パーセントと過半数を占めています。

特殊詐欺の顕著な特徴として、高齢の被害者が極端に多いことがあげられます。被害者が六五歳以上であった認知件数は一万五一一四件で、法人被害を除いた総認知件数に占める割合は八六・六パーセントでした。先ほど述べた「オレオレ型特殊詐欺」にかぎってみると、その割合はなんと九八・六パーセントまで跳ねあがります。私は高齢者心理学が専門ですから、高齢者を狙い撃ちにするこのような犯罪は、本当に許すことのできない行為だと強い憤りを感じます。

これまでもニュースをはじめいろいろなところでとりあげられてきた「オレオレ型特殊詐欺（以下、オレオレ詐欺）」ですが、まずは代表的な手口を見ておきましょう。この詐欺は九九パーセントが電話を使っておこなわれます。そして、犯人は複数人からなる集団です。

最初に、犯人集団のひとりが対象者の家族（おもに対象者の子ども）になりすまして電話をしてきます。激しく咳《せ》きこんだり、あるいは泣きながら「大変なことになった」と話します。事故を起こした、会社のお金が入った鞄を落とした、女性を妊娠させた、などといった架空のトラブルを切羽詰まった様子で伝えます。対象者は、家族から急にそのような話を聞かされて、とてもびっくりするでしょう。そこへ次に、警察や弁護士や会社の上司だという人物がでてきて、「このままだとあなたの子どもは逮捕される」「起訴される」などと言って脅してきます。突然のことで驚きながらも、家族の窮地をなんとかしたいと思っている対象者に、「いますぐに示談金を支払えば起訴は免れる」「子どもの名誉やこれからのために、いまお金で解決したほうがいい」などと説明します。そして、指定した口座に大金を振りこませたり、犯人集団のひとりが直接受けとりに行って手渡しさせたり、現金を宅配便などで送らせるのです。

ここであげた代表例はとてもシンプルなケースです。最近では警察や自治体が、このようなオレオレ詐欺を防止する啓発運動を盛んにおこなっていますから、詐欺の手口もどんどんバージョンアップして、さらに複雑で巧妙になっています。家族へ事実を確認しようとすると電話がつながらないようにしておいたり、今日一日だけお金を貸してくれたらすぐ返せると言ったり、対象者がオレオレ詐欺だとは思わないような、新たなトラブルの事例（病院の医師を騙《かた》るなど）を用意しているのです。要求額をこれまでより少なく設定しているケースも増えていて、そのようなばあいには被害届がだされないという傾向もあるようです。また最近では、「オレオレ型特殊詐欺」のなかでも「キャッシュカード詐欺盗」が増加しているともいわれています。

いまの日本の高齢者で、オレオレ詐欺についてまったく知らないという人はほとんどいないでしょう。にもかかわらず、いまだにオレオレ詐欺の被害はなくなりません。多くの人が「どうして簡単に騙されてしまうの？」「あれだけ注意しているのに」と思うことでしょう。実は、被害の当事者ですら、そう思っているのです。家族のためにと思ってしたことなのに、騙されて大金を支払ってしまったことを家族から責められたり、オレオレ詐欺についてはさんざん聞いて知っていたはずなのにと自分を責めたりして、金銭的な被害だけでなく、精神的にもとても大きな苦痛を受けることになります。

霊感商法に続いて、ここでもあらためていいたいことは、騙されるほうが悪いのではありません。騙す犯人集団が悪いのです。ちゃんと知っていれば騙されずに済むのか？　いいえ、そんなことは決してありません。ふだんならわかっている人でも、いざ当事者になると騙されるような状況を作りあげ、その瞬間にそうとしか思えないような心理状態に追いこみ、まんまと大金を奪うのがオレオレ詐欺です。ここからは、そんなオレオレ詐欺について、プロジェクションの視点から考えてみましょう。

他人を家族と思いこむ「異投射」

オレオレ詐欺の手口の特徴は、犯人集団を構成している複数の人間が台本に沿った役割を演じて、対象者もその芝居の登場人物にすることです。芝居を観客として見ていたらどんなにリアリティがあっても「これは芝居だ」と認識できるでしょう。しかし、自分が役者として舞台に上がってしまったらどうでしょうか。舞台の上でほかの登場人物と共に演じられる物語にリアリティがあったなら、一瞬でもそれが芝居であることを忘れてしまうかもしれません。

しかし、声だけとはいえ自分の家族を他人と間違えることなどあるのでしょうか。それが、まさにプロジェクションというこころの働きのしわざです。突然、家族がトラブルに巻きこまれたと知ったら、誰でも驚いて平常心ではいられません。それに加えて、いまこの場で決断するように強い圧力をかけられます。時間的な切迫は焦りを生みます。犯人は対象者の不安や恐怖心を煽り、焦らせることでパニックに陥らせるわけです。

「幽霊の正体見たり枯れ尾花」という言葉があります。これは、幽霊かと思って驚いたがよく見たら枯れたすすきが風に揺れていただけだった、という意味です。この状況も、見間違えた人がそもそも暗がりで不安や恐怖心を抱いていたから、ただのすすきを幽霊と間違えるような「異投射」が起こるのです。明るい場所で晴々とした気持ちでいる時には、このような見間違いをしないはずです。

けれど、自分の家族を他人と間違えるような「異投射」は、不安や恐怖心を煽り、焦らせることでパニックに陥らせるだけで生じさせられるのではありません。もうひとつの重要な要素は、勘違いにリアリティをもたらす材料です。

犯人からの電話で、対象者の氏名や住所、家族構成などの個人情報が語られることがあります。実際それは、犯人集団が持っている対象者リストに情報として記載されているだけにすぎないのですが、対象者はそれを知っている相手は自分や家族のことをよく知る人物だと思いこんでしまいます。あるいは、警察や弁護士役の犯人が、確認と称して先ほどの個人情報を対象者に言わせるようなばあいもあります。それを後から登場する会社の人や友人役が口にすれば、対象者は彼らが自分や家族のことをよく知る人物だと思って安心するでしょう。

また、最初に電話してくる「家族のふりをしている」犯人は、自分が子どもの○○である、と名乗るわけではありません。この特殊詐欺の代名詞となったように「もしもし、オレ、オレだよ」と極めてぼんやりした断片的な情報を対象者に与えます。するとそれを聞いた対象者は、自分に電話をしてきて、いきなりオレだよという人物とは、おそらく家族の○○だ、と思うでしょう。そこで対象者が「○○なの？」と聞いたらしめたものです。電話口の人物が「そうだよ、○○だよ」と答えたら、電話口の人物は○○で確定です。それ以降の会話で多少は不自然に感じることがあっても、電話してきているのは○○である、ということが前提になっているので、いくつもの小さな齟齬はその前提に沿って対象者のなかで修正されていきます。

たとえば、「声がいつもと違うようだけど」「風邪ひいているんだ」となれば、そうかそれは大変だ、と納得してひどい風邪をひいている○○を心配します。「電話番号がいつもと違うようだけど」「ケータイを落としてしまって新しいのに変えたんだ」となれば、そうかそれは大変だ、と納得して大事なものを落とした○○を心配します。そこへ続けて○○から、実は大変なトラブルに巻きこまれたから助けてほしい、と泣きつかれます。びっくりしてなにがあったのかと聞くと、そこで語られるのが架空のトラブルの作り話です。それはその対象者に対して緻密に作りあげられたものではなく、最初の名乗りのように極めてぼんやりした断片的な情報です。犯人集団は多くのさまざまな対象者を想定したマニュアルに沿って役割を演じていますから、台本は誰にでもあてはまるように汎用性が高い内容なのです。そして、それこそが対象者のプロジェクションを誘発するために、強い効果を発揮しているのです。

「確証バイアス」が作る物語

私たちはふだんから、この世界の出来事は意味もなく偶然に起こるのではなく、なんらかの理由や原因があると考えています。会社で同僚のAさんとBさんが、休日のテーマパークで楽しそうに笑いながら一緒にいるところをあなたが目撃したら、あなたはAさんとBさんはもしかしてつきあっているのかな、と推測するでしょう。彼らがおたがいひとりで来ていて偶然会ったところを見ただけ、とはなかなか思えないはずです。

ある出来事が起こるためには複数の理由や原因があることが多いのですが、私たちはその理由や原因を自分なりにひとつに決めつけて、それに焦点をあてて周辺のデータを集めてしまう傾向があります。これは「確証バイアス」というこころの働きです。一度思いこんだ事柄には、それを正しいとする情報を自分自身が無意識に収集してしまうことを指します。

先ほどの同僚の例なら、ふたりはつきあっているのかもしれないという推測について、そういえばこの前も職場でなにやら楽しそうに話していた、AさんがBさんにプレゼントみたいな紙袋を渡していたことを思いだした、などと推測を実証するような出来事を並べて、やはりふたりがつきあっているのは間違いない、と考えます。

しかし、それが本当かどうかはわかりません。実は、Aさんはテーマパークのマニアで、Bさんはひとりで出かけることが趣味だったとしたら？　Bさんから、どこかいいところないですかと相談されたAさんが、テーマパークについていろいろ話したり、紙袋に入れたガイドブックを貸したのです。そんないきさつがあったふたりが、それぞれひとりで来ていたテーマパークで偶然会ったなら、そこで楽しげに盛りあがっているのは当然です。

こうしてまったくつきあっていないふたりは、たまたまその瞬間だけを目撃したあなたによって、つきあっていると勘違いされてしまいました。それは勘違いしたあなたが、確証バイアスによって推測を正しいとするような出来事を集め、正しいと考えられるような理由をつけるからです。そのようにして事実とは異なる「物語」があなたのなかで作りあげられ、それが実際のふたりに異投射されているのです。プロジェクションの枠組みでいえば、ソースは「（テーマパークに一緒にいた）ただの同僚のふたり」、表象は「ふたりはつきあっているという信念」、ターゲットは「つきあっているという信念を投射されているただの同僚のふたり」です。

自分が物語を作り、自分が演じる

オレオレ詐欺の台本による断片的な情報も、対象者の確証バイアスによってしっかりした物語になります。「もしもし、オレ、オレだよ」と私に電話してくるのは息子に違いない、と思いこんでしまったら、そこからの出来事に多少の違和感をおぼえたとしても、きっとこうなんだろうという都合の良い解釈をしてしまうのです。たとえば、ちょっと声が違うように感じるのは気持ちが動転しているからだろう、電波が悪いせいだろう、大事な落とし物をしたのにすぐ警察へ行かないのはよほど切実な事情があるからだろう、こうして珍しく電話してくるなんてかなり切羽詰まっていて頼る先が私しかいないのだろう、大変なトラブルだけど弁護士や会社の上司が対応してくれるなら大丈夫なのだろう、などなど。

こうして、ただの他人がかけてきた詐欺の電話は対象者に、窮地に陥った子どもが親に助けを求めているという物語を作らせ、窮地に陥った子どもを救えるのは私しかいないという役割を対象者に与えます。それは、対象者自身がそのような物語を表象として形成し、物語を犯人集団の演じる詐欺行為に投射し、その舞台に自身も上がってしまったということです。詐欺の台本は誰にでもあてはまるような汎用性が高い内容なので、それを犯人集団が演じるだけでは、それぞれの対象者にとってリアリティはありません。断片的な情報からしっかりした物語を作りだし、それに切羽詰まったリアリティを付加するのは、確証バイアスとプロジェクションというこころの働きを犯人集団に利用された、対象者自身なのです。

物語に取りこまれた対象者は、自分自身も演技者となっていることに気がつかないまま、自分の役割を遂行します。すなわちそれは、とても困って助けを求めてきた子どもを救う親です。しかし、作られた物語のプロジェクションをしていない他者からすれば、対象者の行為は、ただの他人を自分の子どもと間違え、騙されて自分から進んで犯人へ大金を支払ってしまった愚かな結果に見えるでしょう。そしてなにより対象者自身も、騙されたことに気づき、これまでのプロジェクションが霧散した後は、まるで魔法が解けてしまったように感じるでしょう。さっきまで心を痛めていたトラブルが架空の出来事で、子どもが助けを求めている物語が自分の想像でしかなかったことがわかると、自分が良かれと思ってしたことが愚かな行為であったとしか思えなくなります。

認知心理学の仁平《にへい》義明先生は、高齢被害者において心理的ダメージからの回復は若い人と比べて難しいことを指摘しています。オレオレ詐欺は、高齢被害者に深刻な経済的損失だけでなく、家族からの糾弾や深い自責などさまざまな心理的苦痛をも引き起こす非情な犯罪なのです。

「いますぐ！」というプレッシャー

オレオレ詐欺でどうして騙されてしまうのか、確証バイアスとプロジェクションの観点から見てきましたが、それでも自分がそんなことを信じたりするとは、とても考えられない人もいるでしょう。そこで、オレオレ詐欺の遂行に重要なもうひとつの条件を思いだしてください。それは対象者の不安や恐怖心を煽り、焦らせることでパニックに陥らせることでした。私たちはどんな時に焦るのか？　やらなければならないことがあるのに時間がない、早くやれと言われ続ける、そんな時です。時間的切迫感は、しばしば強いストレスになります。意思決定に関する研究では、ストレス状況にあるばあいはないばあいよりも、すべての選択肢を検討する前に判断を下してしまう傾向が強いことがわかっています。また、時間的なプレッシャーはハイレベルのストレスとなり、疲弊して熟慮を欠くことで、思考が単純な方略へシフトするといわれています。

意思決定の場面において、緻密な論理でひとつひとつ確認しながら判断するのではなく、経験則や先入観にもとづいて直感で素早く判断する「ヒューリスティック（heuristic）」という方略があります。綿密な計算や分析をおこなわず、簡略化した思考で結論をだすので、時間的なプレッシャーがある状況下では、このような方法で考えや行動を決めることが多くなります。これと反対の方略は「アルゴリズム（algorithm）」と呼ばれ、定式化された手順で答えをだす問題解決手法です。

たとえば、長年使っていたドライヤーが壊れたので、新しい製品を買う時に「これまで使っていたメーカーだから」「店員さんの説明が良かったから」などの理由で買うのがヒューリスティック、各社の製品パンフレットを取り寄せてスペックや価格をすべて比較検討して買うのがアルゴリズム、というとわかりやすいでしょうか。ちなみに私がこの前、一〇年以上使っていたドライヤーが壊れて、急遽《きゅうきょ》、買わなければならなくなった時、決定方略は完全に前者でした。

オレオレ詐欺における時間的なプレッシャーについて、興味深い研究があります。システム情報科学の棟方渚《むねかたなぎさ》先生らのグループでは、オレオレ詐欺と還付金詐欺で実際に使われた四二個の音声データを分析しました。発話内容の頻出語と出現率に関する結果では、金銭的な単語よりも「いま」「すぐ」「今日」など、時間や時間切迫性を示す単語が非常に多いことがわかりました。また、発話速度を通常会話のデータと比較した分析結果では、詐欺音声の速度はいずれも、通常会話で見られたもっとも速い速度と同じか、あるいはそれ以上の速度でした。つまり、時間的なプレッシャーを与える言葉はこれらの詐欺の遂行に重要であり、時間的な切迫性の高い単語をたくさん使って、ふだんの会話よりもかなりの早口でまくしたてることで、対象者の精神的な疲労や判断力の弱化を狙っているのです。

不安や恐怖を煽られ、ものすごい早口で急《せ》かされている状態が、ふつうでないことは容易に想像できるでしょう。そこで迫られる判断が、ふだんとまったく同じようにできるとは思えません。溺れる者は藁をもつかむ、です。オレオレ詐欺のばあい、犯人集団がこころの働きを利用したさまざまなテクニックを駆使して、対象者が最終的には藁にもすがる思いで大金を支払う行動をするように操っているのです。

高齢者ならではのこころがオレオレ詐欺に利用される

オレオレ詐欺の被害者として高齢者が圧倒的に多いことは、高齢者心理学の研究者として看過できない重大な問題です。先ほどから見てきた、犯人集団が詐欺に利用しているこころの働きは、もちろん高齢者だけでなく誰にでもあるものです。ですから、これまでに挙げたものだけでは被害者に高齢者が多い理由にはなりません。さらに、高齢者ならではのこころの働きが、オレオレ詐欺に利用されていることについて考えてみましょう。

意思決定に関する実験では、アイオワ・ギャンブリング課題が多く用いられます。この課題では、不確かな状況下でできるだけ不利益を小さくし、長期的な見通しを持って最終的に利益のある方法を選択する能力を測定します。高齢者を対象とした研究からは、健常な高齢者が若い人よりも、長期的には損失をもたらす選択をしやすい傾向があることがわかっています。高齢者のほうが目先の利益に目を奪われやすく、長期的な視点では誤った判断をしてしまうといえます。これには前頭前野の機能低下が影響していると考えられます。

他者に対する「信頼感」にも加齢による変化があります。社会心理学の八田《はった》武俊《たけとし》先生らのグループは、高齢者における他者の発言に対する信頼感について検討しました。その結果、高齢者は若年者よりも他者の発した内容を疑わず、信頼しやすいことがあきらかとなりました。このことは、高齢者は他者の発言に対する信頼感が高いことを示しています。他者に対する信頼感が高いことは、社会生活を営むうえではとても重要な心理的基盤です。高齢者のそのような美点を詐欺に利用する犯罪は本当に悪質であると感じます。

また、高齢者に多く見られる認知特性として「ポジティビティ効果」というものがあります。ポジティビティ効果とは、注意や記憶の過程で、ネガティブな情報よりもポジティブな情報を好んで取り入れるようになることを指します。これは、高齢者心理学のローラ・カーステンセン先生が提唱した「社会情動的選択性理論」と関連があります。この理論は、人生の残り時間が少なくなると、自分の持つ資源（時間や労力やお金など）を情動的に満足できるような目標や活動につぎこむようになる、という考え方です。オレオレ詐欺においては、お金さえ振りこめば家族が助かる、というのはポジティブな情報です。突然のトラブルという不快な状況に追いこみ、お金を振りこめば解放されるというポジティブな情報を与えることで、時間的プレッシャーのもとにいる高齢者が迷うことなくそれを選択するようにしているのです。

それから、高齢者における生きがいの問題も関わっています。高齢者の生きがいは、学習や趣味などの個人的な活動を通じて「達成感」が得られた時、家族や友人との交流のなかで「親和や愛情の欲求」が満たされた時、他者や社会のために役立っているという「役割意識」を持てた時に高まります。仕事や子育てから引退してそれまでの役割を喪失してから、新たな役割意識を見いだして長い老後を生きていくことは、思ったほどたやすいことではありません。

私の父は、七五歳になった頃から、地域の子どもたちの登校時に路上に立って声かけをしたり、交通の安全を見守るボランティアをはじめました。毎日早朝から出かけていくのは大変だろうと思うのですが、もう何年も続けています。子どもや学校の先生から感謝されると本当に嬉しいようで、「いつもありがとう」などと書かれた子どもたちからのメッセージカードを大切に飾っています。この活動はいまの父にとって生きがいのひとつであり、自分が誰かの役に立っているということは、高齢者の日常にとっていかに重要であるかがわかります。

仕事や子育てから引退した高齢者の日常生活で薄れつつある「自分が誰かの役に立っている」という感覚は、オレオレ詐欺の「私だけが家族を助けることができる」という状況で遺憾なく発揮されることでしょう。だとしたら、高齢者こそ家族のために大金を支払うという選択をしてしまうのは無理もないことかもしれません。そんな高齢者の切実な思いを利用するのがオレオレ詐欺の犯人集団なのです。本当に許せない気持ちでいっぱいです。

自分からしている行為でも、自発的とはかぎらない

霊感商法のところでも述べたように、対象者が自分から大金を支払っていたとしても、それは自発的な行動とはいえません。人間のさまざまなこころの働きや高齢者ならではの傾向を利用した犯人集団が、対象者のこころと行動を操った結果です。どうか被害者を責めないでください。被害者である自分を責めないでください。その人／あなたは、犯罪の被害者なのです。責められ罰せられるべきなのは犯人です。

霊感商法のところではマジックショーを例に考えてみました。オレオレ詐欺は、芸人さんなどがバラエティ番組でやる「ドッキリ企画」で考えてみます。ドッキリ企画とは、ニセの台本

に沿った進行のなかで出演者を騙したりいたずらを仕掛けたりして、騙された出演者の反応を楽しむという企画です。私は以前から、テレビでドッキリ企画を見るのが好きではなく、YouTubeなどでそのような動画を笑いながら見ている子どもから「どうして? おもしろいのに」と言われています。あらためて考えて気づいたのは、ドッキリ企画が出演者の気持ちを利用して騙し、笑いものにしていることが不快だということです。

対象者の気持ちを利用して騙すのは、オレオレ詐欺と同じ構図です。ドッキリ企画はもちろん犯罪ではないのですが、気持ちを利用され笑いものにされた対象者は愉快なものではないでしょう。けれど、私がここで指摘したいのはドッキリ企画の是非ではありません。私が問いたいのは、ドッキリ企画で騙されている対象者と騙されない対象者、どちらが自然だと思いますか、ということです。しっかり演出されているのに、いつまでたっても騙されない対象者がいたら、なんて疑り深いんだろう、なんだか変な人だなあ、と思いませんか。ドッキリを仕掛けられたら、騙されるのがふつうです。だからこそ、それが企画になるのです。オレオレ詐欺の被害者も同じです。改良(といいたくはないですが)を重ねた台本と手慣れた犯人集団に仕掛けられたら、誰でも騙されます。まずはそう思うこと、そのうえで、どうしたら騙されずに済むのか、あるいは騙されていることに気づけるのかを考えましょう。

病気にならない人はいても、歳《とし》をとらない人はいません。日本はいま、世界一の高齢社会です。これまで世界中のどこの国にもなかった問題に、はじめて直面しているのです。高齢者の問題は、私たちの問題です。高齢者が安心・安全に暮らせる社会は、誰もが安心・安全に暮らせる社会です。オレオレ詐欺も高齢者だけに関係のある犯罪として考えるのではなく、自分や家族に起こりうる身近な社会問題としてとらえてほしいと思います。

イマジナリー・コンスピラシー　陰謀論：私だけが真実を知っている

陰謀（conspiracy）という言葉は知っているけれど、「陰謀論」ってなんだろう？　そう思う人もいるのではないでしょうか。陰謀論という言葉は知らないという人でも、もしかしたらこのような話なら、どこかで聞いたことがあるかもしれません。

「新型コロナのワクチンにはマイクロチップが埋めこまれていて、接種した人間の行動をデータとして収集している」「二〇〇一年九月のアメリカ同時多発テロはアメリカ政府の自作自演である」「アポロの月面着陸は捏造《ねつぞう》である」「世界は『闇の組織』と呼ばれる強大な秘密結社によって牛耳られている」などなど。陰謀論というのは、ある事件や出来事について、事実や一般に広く知られている説明を否定し、実は隠された不正な謀略や策謀によるものであると解釈する考え方のことを指します。

先ほどあげたコロナワクチンや月面着陸などの陰謀論を聞くと、ふつうならばその荒唐無稽さに驚くかと思いますが、陰謀論を信じている人たちからすれば「それはあなたたちが真実を知らないだけ」ということになります。同じ出来事を見ても、まったく異なる意味づけ（解釈）をする人たち、そのようにとらえてみれば、つまり陰謀論者はプロジェクションの異投射をしているのだということに気がつきました。

疑問を解消し、最善の説明をする「アブダクション」

私は前作『「推し」の科学』で、男性同士の恋愛物語を好む熱心なファンが原作から二次創作を作りあげる行為に着目して、異投射が生成される過程について分析しました。そこでとりあげたのは、アニメ『それいけ！アンパンマン』から、アンパンマンとばいきんまんの恋愛物語を妄想する例です。アニメ作品のアンパンマンを少しでも知っている人なら、あのアンパンマンとばいきんまんが恋愛関係にあるなんて、それこそ荒唐無稽で正気の沙汰ではない意味づけ（解釈）であると考えるでしょう。いったいどんな過程を経たら、そのような荒唐無稽な異投射がありうるのでしょうか。それはつまり、現実と妄想の大きな乖離《かいり》はどのようにして埋められているのかという問題です。

そこでおこなわれているのは、「アブダクション（仮説形成／仮説的推論）」という推論でした。アブダクションとは、これまでにわかっている事項だけでは説明のつかない問題について、ある仮説を立てて考えることで新たな結論を導きだす推論法です。非演繹《えんえき》的な推論のひとつであるアブダクションは「最善の説明への推論」とも呼ばれています。

アンパンマンとばいきんまんの恋愛物語の例であれば、

①これまでにわかっている事項だけでは説明がつかない問題があり（なぜ、ばいきんまんは懲りもせずに、アンパンマンがパトロールしている領域でいたずらをして、毎回必ずアンパンマンにやっつけられるのか？）、

②ある仮説を立てれば（アンパンマンとばいきんまんは、実は恋愛関係にある）、

③うまく説明ができる（ばいきんまんはアンパンマンにかまってほしいから、いつもわざとアンパンマンの目につくところでいたずらをしている）。

というアブダクションです。

つまり、アンパンマンとばいきんまんの恋愛物語を妄想するばあいは、疑問に対する答えの前提として男性同士の恋愛関係をあてはめ、推論によって疑問の解消を試みているのです。しかし、これはなにも、荒唐無稽な二次創作にだけおこなわれるわけではありません。

たとえば、科学研究における「仮説／理論」および「検証」という枠組みに照らしてみると、

科学的な検証作業の前段階にある、仮説や理論が醸成される過程とも共通しているのです。これは、現象の解釈や原因究明にアブダクションがおこなわれているからでしょう。アブダクションの過程や結果が、一見すると荒唐無稽な二次創作や、まったく新しい科学の仮説／理論としてプロジェクションされていると考えられます。

二〇〇八年にノーベル物理学賞を受賞した「小林・益川《ますかわ》理論」は、「クォークは三つ」と考えられていた時代に「クォークは六つ」と予想し、三世代（六つ）のクォークを導入することでCP対称性の破れを自然に説明できることを示しました。これまでにわかっている事項だけでは説明がつかない問題（CP対称性の破れを自然に説明する）について、ある仮説（クォークは六つある）を立てればうまく説明ができる、というアブダクションです。現実にはまだ実体としてはとらえられていないクォークを用いて説明した理論は、プロジェクションの虚投射（ソースに実在はなくターゲットが想像上の対象）といえます。発表当時は、にわかには信じられないような突飛な理論であり、数年間はほとんど反応もなかったそうです。

推論法には、「帰納的推論」「演繹的推論」もありますが、アブダクションはそれらとは異なります。帰納的推論とは、さまざまな事象から共通の出来事を見つけて、それを一般的な法則とする推論法です。演繹的推論とは、ある事象について前提の命題から論理的に正しい推論を重ねて結論を導きだす推論法です。アブダクションは非演繹的な推論のひとつですが、観察した事象とは違ったなにかを仮定することで見えないものを推論する点が、帰納法とは違うところです。

非演繹的な推論は、結論の正しさを保証しません。代わりに、前提に含まれていない情報量は増えます。それまでにない、まったく新しいことを提示できる推論であるともいえます。ひとりのアブダクションによって増加した情報は、あるコミュニティ（二次創作を好むファン・コミュニティ／科学者たちの学会など）において披露されたとたん、新たな推論の材料となります。コミュニティや学会にいる多くの人々から次々に披露される情報によって、コミュニティや学会全体で推論は活性化され、仮説はどんどん深化します。そこからまた、新たな二次創作／仮説・理論が生まれるのです。

アブダクションによって「真実」が仮定される

アブダクションの過程を陰謀論にあてはめてみましょう。基本的な枠組みは、これまでにわかっている事項だけでは説明がつかない問題（ある事件や出来事に関する疑問や違和感）について、ある仮説（事実や一般に広く知られている説明とは別の真実がある）を立てれば、実は隠された不正な謀略や策謀があることをうまく説明できる、というアブダクションです。

これによって、ある事件や出来事（ソース）をきっかけに、事実や一般に広く知られている説明とは別の真実があるという信念（表象）が主体の内部で形成され、ある事件や出来事には実は隠された不正な謀略や策謀がある（ある事件や出来事〈ソース〉に、事実や一般に広く知られている説明とは別の真実があるという信念〈表象〉が投射されたターゲット）というプロジェクションがなされているのです。

具体的に考えるために、これを「一九六九年のアポロ月面着陸は捏造である」という陰謀論についてあてはめてみます。

①これまでにわかっている事項だけでは説明がつかない問題（ある事件や出来事に関する疑問や違和感）→　真空の宇宙空間では風は吹かないはずなのに、月面上でアメリカ国旗が掲げられている時に揺れているのはおかしい。

②ある仮説（事実や一般に広く知られている説明とは別の真実がある）→　実は月面着陸は捏造で、でっちあげた映像が地球で撮影されたのではないか。

③実は隠された不正な謀略や策謀があることをうまく説明できる　→　ソ連とアメリカが対立する東西冷戦のさなか、両国の宇宙開発競争は苛烈を極めた。人工衛星でソ連に先を越されたアメリカは月への有人探索で巻き返しを図っていたので失敗は許されない。一九六〇年代には実現すると宣言した手前、それが不可能だったことを隠蔽するために、六九年というギ

リギリのところで映像による捏造をおこなったのだ。

たしかにこれで、一九六九年にアポロは月面に着陸しておらず、映像は捏造であると信じる理由をそれなりに説明できているような気がします。

科学教育学の左巻健男《さまきたけお》先生によれば、二〇一五年の東京大学の理科教育法の講義中に「アポロ宇宙船は月面に着陸したか？」と質問したところ、驚くことに七人中四人が「月面着陸はなかった」と答えたそうです。左巻先生がそれらの学生にどうしてそう考えるのか聞くと、先にあげたような内容を陰謀論として紹介したテレビ番組の説明や映像を見たことがあり、ある程度納得していたことがわかりました。特にインパクトがあったのは、真空の月面上でアメリカ国旗が掲げられて揺れているという「事実」だったそうです。

真空で風は吹かない、という自分がよくわかっている事項と、一方で自分がうまく説明できない、宇宙という真空で風に揺れる星条旗という映像の「事実」を突きつけられたら、スッキリしないのでなんとかして疑問を解消したいと思うでしょう。そこへ続けて、このように考えたら疑問が解決してスッキリしますよ、と説明が提示されれば、それに飛びついてしまうのも無理はありません。

ヒトだけがする「対称性推論」

でも、よく考えてみると、真空の月面上でアメリカ国旗が掲げられて揺れているという映像のどこにも、風で揺れているという「事実」は示されていません。映像を見た人が、風が吹くと旗が揺れる、というこれまでの経験による知識をもとに、旗が揺れているということは風が吹いているのだろう、という推測をしているわけです。

このように、結果から原因を考える推論もアブダクションです。シャーロック・ホームズや江戸川コナンなどの名探偵が犯行現場の状況（結果）を見て、犯人の行動や犯人像（原因）を推理していくのはおなじみの光景です。ここで名探偵がやっていることは、①これまでにわかっている事項だけでは説明がつかない問題（犯行現場）について、②ある仮説（名探偵の推理）を立てて考えることで、③新たな結論（犯人）を導きだすというアブダクションなのです。

ところで、アポロ月面着陸の映像を見て、旗が揺れているということは風が吹いているのだろうと推測することは、実は「論理的誤謬《ごびゅう》」です。論理的誤謬とは、論理的には誤っている推論のことです。自分で思いこんだ理屈などにもとづいてなされた判断が、論理的には間違っている時がそれにあたります。

風が吹くと旗が揺れる、というのは物理的に正しい事実ですが、旗が揺れているなら風が吹いている、というのが正しいとはかぎりません。なぜなら、旗が揺れる物理的な要因は、手で持って揺らす、物があたって揺れるなど、風以外にもたくさんあるからです。けれど、ふだんから手で揺らすよりも、物があたって揺れるよりも、風が吹いて旗が揺れる光景を見慣れている私たちは、つい「旗が揺れているということは風が吹いているのだ」と思いこんでしまうのです。論理的には正しくないにもかかわらず、どうして私たちはそのような誤った判断をしてしまうのでしょうか。

ここで関連しているのが「対称性推論」というこころの働きです。対称性推論とは、リンゴ（実物）がリンゴ（名前）と呼ばれるものならば、リンゴ（名前）はリンゴ（実物）を指すだろう、と推測することです。リンゴ（実物）がリンゴ（名前）であるとわかると、リンゴ（名前）はリンゴ（実物）であることもわかる、これを対称性が成立する、といいます。

こんなことは私たちにとってあまりにもあたりまえすぎて、こころの働きとして意識したことはないかもしれません。「リンゴ（実物）はリンゴ（名前）と呼ばれるもの」と学習してわかれば、次にいきなり、いろいろな果物のなかから「リンゴ（名前）を取ってください」と言われても、リンゴ（実物）を取れるはずです。そして、もし実物のリンゴが取れなかったら、「リンゴ（実物）はリンゴ（名前）」がわかっていないのだと思われるでしょう。もう一度「リンゴ（実物）はリンゴ（名前）」をやり直しさせられます。人間の学習訓練としては正しいやり方です。

ところが、これは論理的には必ずしも正しいとはかぎりません。なぜなら「リンゴ（実物）はリンゴ（名前）」が真であると明示されているのに、「リンゴ（名前）はリンゴ（実物）」が真であるとは明示されていないからです。そんなこと明示されていなくても、逆も同じなのはあたりまえなんだからわかるよ！と思うのは、あなたが人間だからです。

ヒト以外の動物に「リンゴ（実物）はリンゴ（名前）」ということを学習させた後で、ではリンゴ（名前）はどれ（実物）?というテストをしたら、彼らはこのテストに正解できません。どんなに「リンゴ（実物）はリンゴ（名前）」と理解していても、学習していない「リンゴ（名前）はリンゴ（実物）」はわからないのです。けれど、「リンゴ（名前）はリンゴ（実物）」について学習していない（正解は明示されていない）のですから、論理的には間違っていない判断をしていることになります。

私はかつてサルを対象に認知研究をしていましたので、ヒト以外の動物にはこのような対称性が成立しないことは知っていました。しかし、ヒトを対象にした研究者たちが、対称性推論がヒトに特異的であるとあまり知らないことに、ちょっと驚いた記憶があります。それだけ私たち人間にとっては、あたりまえのことだということでしょう。

ただしこれは、ヒト以外の動物が、学習していないことは推論できない、ということではありません。「AならばB、BならばC」ということを学習した動物は「AならばC」というテストには正解します。「AならばC」については学習していないにもかかわらず、きちんと推論できることがわかります。ところが「AならばB」であるなら「BならばA」だろうというのも推論のひとつであるのに、このような対称性推論は人間だけが持つこころの働きなのです。

対称性推論による因果の誤り

対称性推論という視点から考えると、アポロ月面着陸の映像を見て、旗が揺れているということは風が吹いているのだろうという推測には、人間特有の対称性推論による認知のバイアスがあるとわかります。風が吹くと旗が揺れる、という本来は一方向性の事実から、旗が揺れているなら風が吹いている、という逆方向の推論をしているのです。論理的には正しくない、このような方法の推論を人間がするのは、それが認知の省エネになるからです。

膨大な情報にあふれている現実世界を生きるために、私たちは常に膨大な情報を処理しなければなりません。情報を処理する認知機能にも容量や速度の限界があり、それを超えるものは処理できないし、処理する量が多ければそれだけ疲労します。そこで、さまざまな認知機能によって、情報は圧縮されたり取捨選択されたりして、処理の負荷を減らします。人間に備わっている対称性推論のバイアスは、そんな認知における省エネ策のひとつなのです。

「AならばB」を学習しただけで「BならばA」もわかるのなら、「BならばA」の学習にかかる負荷は削減されます。「Bならば○○」の○○になりうる膨大な可能性を逐一検討する必要もありません。推測された「BならばA」が常に正しいとはかぎりませんが、正しいばあいも多くあります。たとえば、言語習得などにおいては、対称性推論は非常に有用です。「リンゴ（実物）はリンゴ（名前）」であれば「リンゴ（名前）はリンゴ（実物）」は正解なのですから、膨大な語の意味の獲得にあたって、とてもリーズナブルな方略であるといえるでしょう。

認知科学の今井むつみ先生は、対称性推論ができることはヒトにおいて語の意味の獲得に不可欠であること、また、概念の構築とともに語意を獲得していく過程で、文脈に応じてさまざまなバイアスを使い分けられることの重要性を指摘しています。さらに今井先生は、ヒトの乳児が言語の成立よりもずっと前から、ある種のアブダクションを使用している事例から、このような推論の傾向が語意の獲得を可能にしているという見解を提唱しています。

今井先生らのグループは、語意学習をはじめる前の生後八ヶ月のヒト乳児と成体のチンパンジーで実験をおこないました。「A→B」と「C→D」を学習した後で、随伴性の順序を逆にして、試行の半分は学習時と同じ組み合わせ「B→A」「D→C」、半分は学習時と異なる組み合わせ「B→C」「D→A」でテストをしました。実験の結果、語意学習をする以前のヒト乳児はテストの時に、随伴性の順序が逆になったにもかかわらず、学習時と異なる組み合わせを見ると驚いた反応を示しました。一方でチンパンジーは、随伴性の順序が変わると、学習時と同じ／異なる組み合わせのいずれでも注視時間は変わりませんでした。つまり、対称性バイアスはヒトだけに見られることがわかったのです。

認知科学の服部雅史《まさし》先生は、人間だけが対称性推論のような論理的誤謬を犯すことについて、人間の創造性との関連を考えています。論理的な結論が本質的には前提のなかにすでに含まれている演繹的推論に、新しい発見はありません。服部先生は、非演繹的な対称性推論は、論理的には誤っているけれど発見的特性を秘めていることに着目しています。そして科学は、事実から仮説を導くアブダクションと、仮説から事実を予測する演繹的推論との共同作業である、として両者を使い分けるバランスの重要性を指摘しています。

対称性推論の認知におけるさまざまな有効性がある一方で、論理的な誤謬がもたらすネガティブな側面も見逃せません。「一九六九年のアポロ月面着陸は捏造である」という陰謀論の出発点、真空の宇宙空間では風は吹かないはずなのに、月面上でアメリカ国旗が掲げられている時に揺れているのはおかしいという疑問は、論理的な誤謬によってもたらされています。旗が揺れる物理的な要因は、手で持って揺らす、物があたって揺れるなど、風以外にもたくさんあるにもかかわらず、それらを考慮せずに風が吹いていると思いこんでいるわけです。それは、風が吹いて旗が揺れる見慣れた経験から逆方法へ、対称性推論をしているにすぎません。

ここでもうひとつ注目したいのは、因果関係です。「リンゴ（実物）はリンゴ（名前）」には原因と結果という因果関係はありませんが、「風が吹けば旗が揺れる」には原因（風が吹く）と結果（旗が揺れる）という因果関係があります。本来、結果（旗が揺れる）の原因はひとつとはかぎらず、原因1（風が吹く）、原因2（手で揺らす）、原因3（物があたる）などがあります。しかし対称性推論では、一方向性の原因と結果として示されたひとつの事例にすぎなかったものが、ある結果から推測されるただひとつの原因であるかのようになってしまいます。

オレオレ詐欺の出発点である電話の第一声でも、「子どもは私に『もしもし、オレだよ』と電話をしてくる」というこれまでの経験から、「私に『もしもし、オレだよ』と電話をしてくるのは子どもである」という対称性推論をしているのです。そして、この推論が間違っているために、その後の犯人集団の巧妙な台本によって騙されてしまうことになります。

ちなみに、月面上でアメリカ国旗が掲げられている時に揺れている理由は、星条旗を月面へねじこむ時にポールを動かすので真空でもその反動で旗が動いたからだそうです。真空では空気の抵抗が存在しないため地球上よりも旗が動きやすく、一度動きだした旗は慣性の法則でなかなか止まりません。結局、原因は1・2・3のどれでもなく、原因4（旗のポールを月面にねじこむ）だったということですね。

どうしてそうなったのか、納得したい

私の母は七五歳をすぎてから突然パステル画を描きはじめ、いまでは毎日それに没頭するほど熱心に取り組んでいます。私は以前から、母がいろいろなものに関心を示して行動することには慣れていましたので、熱意と出来栄えに感心こそすれ、なぜいまパステル画？という疑問は特にありませんでした。ところが、母の親戚や友人は何十枚もの絵を見て驚いただけでなく、それぞれが「そういえば小学生の頃、絵を描くのが好きと言ってたよ」とか「あなたのお父さんは絵が上手だったからその影響だね」など、母が絵を描く理由をその人なりに考えて納得しているとのことで、母はそれがおもしろいそうです。

母自身、自分がなぜこの歳になって急に絵を描くようになったのか、思いあたるような理由はないそうですから、これは親戚や友人の勝手な推測にすぎません。そのように、私たちは身の回りのさまざまなことについて、なぜそうなったのかを自動的に考えてしまうのです。

認知科学の鈴木宏昭先生は、そのような因果の推論はアブダクションであるとして、人間の賢さの証《あかし》だといいます。つまり、失敗をした時にその原因を考え、その原因を避けるようにする、成功した時には同じ原因を作りだすように努力する、これがなければ人間の成長はないからです。一方で、そこで陥りやすいトラップをいくつかあげています。

ある集団の目立つ極端な代表例と平均像は異なることが多いのに、代表例を平均像と思いこんでしまう「代表性ヒューリスティック」、事前に知っている確率を無視して、後からでてくる確率にだけ注目してしまう「事前確率の無視」、他者の外的な状況ではなく内的な特性に原因を求めてしまう「対応バイアス」、ある集団のメンバーはその集団の特徴を共有しているという信念からメンバーの行動の原因を集団の特徴に求めてしまう「心理学的本質主義」など、さまざまな認知バイアスが因果の推論に与える影響を指摘しています。私たちが日常生活のなかでおこなっているアブダクションを含めた因果の推論には、自分では気づかない認知バイアスがあると自覚することは、なにか重大な選択をする時や、なにかの情報にもとづいて判断をする時にとても大切です。

推論と時間軸

私たちは、過去から未来へ流れる時間の世界で生きています。そのため、時間を遡って結果から原因を考えなければならない局面がしょっちゅうやってきます。本来は可逆的ではない因果の方向を逆向きにたどらなければならない時、たとえば対称性推論を活用することがあるでしょう。そのような対称性推論が使えるということは、人間は頭のなかで時間軸を自由に操作できるということだといえます。そして、ヒト以外の動物は、実は時間を遡るような推論をしないのです。

時間を遡って推論をする「回顧的推論」には、事象の先後が関連するばあいの対称性推論との類似点があります。回顧的推論とは、このような事例です。毎年AくんとBちゃんが一緒に来て誕生日プレゼントをくれました。あなたは、AくんとBちゃんが誕生日プレゼントをくれるのだと思っていました。ある年、Aくんだけが来ました。Aくんは誕生日プレゼントをくれました。そこであなたは、いままで誕生日プレゼントをくれていたのはAくんとBちゃんではなく、Aくんだけだったのだと思いました。さらに次の年、Bちゃんだけが来ました。あなたは今年は誕生日プレゼントはもらえないんだなと思ったとしたら、この一連の経験からなされる推測が、回顧的推論です。

実は、この事例の推論は論理的誤謬です。あなたは、Bちゃんがプレゼントをくれなかった、という経験は実際にはないにもかかわらず、Bちゃんはプレゼントをくれないのだろう、と思っているわけです。論理的には、次の年にBちゃんだけが来てもプレゼントはもらえる可能性があります。しかし、私たちは時間を遡って回顧的な推論ができるがゆえに、このような「勘違い」をしてしまうこともあるということです。

認知科学の川合伸幸先生と私が、回顧的推論のひとつである「逆行ブロッキング」についてサルを対象におこなった実験では、一個体を除けば逆行ブロッキングは示されませんでした。逆行ブロッキングとは、ある原因の候補であると「新たに」理解することによって（Aくんだけが誕生日プレゼントをくれていた）、「すでに」想定していた別の原因が候補であるとの考えを廃棄する（Bちゃんが誕生日プレゼントをくれたわけではなかった）現象のことです。逆行ブロッキングの課題では、事象の時間的な順序を逆行して推論するかどうかを検討します。

この実験から、サルは回顧的推論をしないことがわかりました。ただし、逆行ブロッキングを示した一個体は、別のワーキングメモリ課題でも例外的に高い成績を示したサルでした。私はホシという名前のそのサルと長いつきあいでしたが、ちょっと変わった、なんだかサルっぽくないサルだなあといつも思っていました。いろいろな課題で、ほかのサルがやるようなやり方をせず、記憶力が抜群に良い人間の子どものようなやり方をするのです。一頭だけ変わった結果をだすので分析や考察には苦労させられましたが、いまあらためて考えると、時間的な順序が関連する回顧的推論と記憶能力の高さにはなんらかの関係があるのではないかと思います。

ちょっと変わった個体といえば、比較認知科学の友永雅己《まさき》先生が、チンパンジーを対象に対称性の成立を検討した実験で、一個体を除けば対称性は成立せず、進化的にヒトに近いチンパンジーでも対称性は成立しないことがわかりました。ただし、対称性が成立した一個体は、当時チンパンジー研究者としてつきあいのあった川合先生いわく、なんだかチンパンジーっぽくないチンパンジーだったそうです。「サシで向かい合うと、人間みたいになんか企んでる感じがするんだよね」とも言っていました。そんなことを聞いていましたので、その個体だけ対称性が成立したという結果を知った時も、あまり驚きはなかったのです。たしかに、クロエならありうるかもね、と。

人間に特異的と考えられるアブダクションの萌芽《ほうが》は、進化的に「ちょっと変わった」私たちの祖先に、その源流があるのかもしれません。アブダクションは因果推論のひとつであり、対称性推論や回顧的推論は因果推論に深く関わっています。対称性推論も回顧的推論も、時間的な順序がある事象間の関係を、時間を逆行したり時間の先後を考慮せずに処理します。ヒトは時間を遡ったり、無視したりして、時間軸を頭のなかで自在に操ることができます。だからこそ、ヒトにはこれらの推論が可能なのです。そして私は、頭のなかで時間軸を自在に操作できることは、推論だけでなくプロジェクションというこころの働き全体に関わる、非常に重要なポイントであると考えています。

ないことを証明するのは至難の業

すでになにかの陰謀論を信じている人に、論理的な誤謬を指摘して、アブダクションの間違いを理解してもらおうと思っても、なかなかうまくいかないでしょう。陰謀論に反論して、秘《ひ》密裡《みつり》におこなわれている陰謀が「存在しない」ということを証明するのは簡単なことではありません。なぜなら、陰謀論者からしてみれば、陰謀の証拠がないのは痕跡をうまく隠せていることになり、陰謀論が誤っている証拠だと思われるものがあってもそれは一般人を欺くためにわざと仕掛けているものだと考えられるからです。

陰謀論の研究に詳しい政治学のジョゼフ・ユージンスキ先生は、陰謀論はその誤りを証明することができないもの、としています。そして、反証が不可能であるからこそ、陰謀論は真実か虚偽かではなく、真実である可能性が高いか低いかで考えるべきであるといいます。そこで重要なのは、陰謀論そのものではなく、それを裏付けるために提示された証拠が、真実か虚偽かで判断されなければならないことです。アポロの例であれば、「月面着陸は捏造である」の真偽を問うのではなく、証拠として提示された映像の整合性を検証することで、誤りを証明できるというわけです。

陰謀論について実証政治学から研究している秦正樹《はたまさき》先生は、結局のところ陰謀論を陰謀論たらしめているのは、客観的なロジックや事実ではなく、個人ないし同じ考えを持つ者同士の主観的な認識である、としています。そして、陰謀論を信じている人々には、彼らが想定する「あるべき現実」と、目の前の現実があまりに乖離していることへの不満があって、陰謀論はその乖離を埋めるための便利な道具として利用されている側面があることを指摘しています。

たしかに、自分が生きていく現実と、理想や希望に隔たりがあることは多いでしょう。その埋めがたいギャップにどうしようもなく悩んだ時、自分以外の人や組織や社会全体にその原因を求めることは珍しくありません。「親がわかってくれないから」「上司に恵まれていないから」「最初から決めつけられているから」「いまの景気が悪いから」など、自分のせいではない要因を「仮定」し、アブダクションによって大きな乖離を埋めていく過程はすでに見てきた二次創作や科学理論の醸成と同様です。

ひとたび「自分が信じたい陰謀論」に出会ってしまえば、それは簡単に自分のなかで強化されます。私たちの考え方は決して合理的なものではなく、これまでに見てきたようにさまざまなバイアスだらけだからです。自分の関心のあるものに対して選択的にアクセスしたり（ネットなどでは、そもそもそうなるように情報が取捨選択されています）、一度思いこんだ事柄の正しさを補強する情報を自分自身が無意識に収集したり、自分の経験などから間違った因果関係を憶測したりしてしまうのです。

誰でもなにかの陰謀論にハマる可能性はある

私がここで強調しておきたいのは、そういったバイアスは陰謀論を信じるような、かぎられた人に見られるのではないということです。これらは、人間なら誰もが持っている「考え方のクセ」のようなものです。つまり、誰でもなにかの陰謀論にハマってしまう可能性はあるということです。

では、私たちのどのような傾向が、陰謀論へハマってしまうことと関連しているのでしょうか。社会心理学の大薗博記《おおぞのひろき》先生と榊原良太《さかきばら》先生は、陰謀論への傾倒に関わる個人の傾向について調査しました。その結果、直感的に物事を判断するような熟慮性の低い人ほど、陰謀論を信じやすいことがわかりました。また、「アノミー（世界は悪くなっているという信念）」が強いなど、社会不安や不満が高い人ほど陰謀論に傾倒しやすい傾向がありました。

社会不安を引き起こすような問題を解決するには、社会全体が変わらなくてはなりませんが、自分の熟慮性を高めることは個人でもできます。熟慮性を高めるには、あふれる情報に接するなかで、どうしてそのような情報があるのか、どこからの情報なのか、それはどのくらい正しいのか、めんどうくさいけれど自分でしっかりと考えてみることが求められます。生成ＡＩなどによってすぐに「答えのようなもの」が手に入ってしまう現代だからこそ、未熟ながらも自分で考える「過程」の重要性が増しているのではないでしょうか。

陰謀論は有名無名あわせて星の数ほどありますし、あまたの擬似科学（創生水やＥＭ菌など）やデマなども、ありようとしては同じものでしょう。これまでは陰謀論などにはまったく縁のなかったような人が、コロナ禍で友人知人との交流が減り、代わりにネットにあふれる情報に触れる機会が増えたことをきっかけに、ワクチン反対や陰謀論へ傾倒していったという事例は珍しくありません。

計算社会科学の鳥海《とりうみ》不二夫先生らのグループは、コロナ禍におけるワクチンに関する大量のツイート（現ポスト）について機械学習を用いて分析をおこない、新たにワクチン反対派になる人の特徴をあきらかにしました。コロナ禍以前からワクチン反対派であった人々は政治への関心が高くリベラル政党とのつながりが強いのに対して、コロナ禍で初めてワクチン反対派になった人々は政治への関心は薄い一方で、陰謀論やスピリチュアリティ、自然派食品や代替医療への関心が強く、これらのトピックへの関心がワクチン反対派になるきっかけとなっていることが示されました。この研究結果は、私たちがふだんあまり自覚していない潜在的な興味や関心、あるいは差別意識のようなものが、なにかのきっかけで顕在化する可能性があることを教えてくれます。

およそ一〇〇年前の関東大震災の直後、混乱のなか「朝鮮人が暴動を起こしている」「井戸に毒を入れた」とのデマが広がり、それを信じた民衆が結成した自警団などによって数多くの朝鮮半島出身者が殺害されました。一三歳の時に関東大震災を経験した映画監督の黒澤明さんの著書『蝦蟇《がま》の油　自伝のようなもの』に、こんな記述があります。

「町内の、ある家の井戸水を、飲んではいけないと云《い》うのだ。何故《なぜ》なら、その井戸の外の塀に、白墨で書いた変な記号があるが、あれは朝鮮人が井戸へ毒を入れたという目印だと云うのである。私は惘《あき》れ返った。何をかくそう、その変な記号というのは、私が書いた落書だったからである。私は、こういう大人達を見て、人間というものについて、首をひねらないわけにはいかなかった」

これはまさに、陰謀論における間違った推論と、その誤りの証明にほかなりません。平時には荒唐無稽だと判断できるようなことでも、不安と混乱が蔓延《まんえん》しているような場では、合理的な判断などとてもできないことは、霊感商法やオレオレ詐欺のところでもすでに見てきました。ましてや集団でそのような考え方に傾倒してしまったら、それは瞬く間に大きな力となって動きだしてしまうでしょう。

デマを信じて殺害した人、またそれに加担した人の多くは、ふだんから朝鮮半島出身者にあからさまに差別的であったわけではないと思います。大震災後という極限状態で、日頃から彼らに感じていたうっすらとした不安や差別意識がデマというかたちで顕在化した時に、このような暴挙となったのでしょう。これは、さまざまな条件が重なってぼんやりとした表象から鮮明なプロジェクションができてしまったがゆえの最悪の結果です。この惨劇は、市井に暮らすふつうの人々にも、このような集団の狂気が起こりうるのだということを教えてくれます。私たちは負の歴史からこそ、多くのことを学んでいかなければなりません。

イマジナリー・ジャスティス　戦争時のプロパガンダ：この殺人は国を守る尊い行為

現代社会の誰もが「人を殺してはいけない」「殺人は重大な犯罪である」と知っています。

しかし一転して「敵国の人は殺してもいい」「敵を殺すのは国を守る尊い行為である」となるのが、戦争です。殺人という行為に対する意味づけが一夜にして変化し、価値観も法律もガラリと違うものになってしまう、しかもそれを国家が主導するのです。これは国家が、国民という個人のプロジェクションを操作すること以外のなにものでもありません。「人を殺す」という行為へのプロジェクションを国家の都合のよい方向へ強制誘導するわけです。

言葉で説明しても、そう簡単に人間のこころは変わりません。これまでの例でもさんざんできたように、私たちの判断はすべてが論理的になされているわけではないのです。なんとなくといったイメージや自分ごとのようにわかりやすい感情、実際の経験などで、私たちのものの見方は変化します。

そこで活用されるのが、戦争時のプロパガンダです。プロパガンダとは、意図をもって特定の主義や思想に誘導する宣伝戦略のことです。第二次世界大戦中は特に、国家の総動員態勢を維持するために、日本をはじめ多くの戦争参加国でプロパガンダは大いに活用されました。

プロパガンダを重視していたアドルフ・ヒトラーは著書『わが闘争』で以下のように書いています。

「民衆の圧倒的多数は、冷静な熟慮よりもむしろ感情的な感じで考え方や行動を決めるという女性的素質を持ち、女性的な態度をとる。

しかしこの感情は複雑でなく、非常に単純で閉鎖的である。この場合繊細さは存在せず、肯定か否定か、愛か憎か、正か不正か、真か偽かであり、決して半分はそうで半分は違うとか、あるいは一部分はそうだがなどということはない」

第二次世界大戦中にプロパガンダが盛んになったことは、映像技術の発達によってプロパガンダの手法が進歩したことも関係していると考えられます。敵国と戦争をする理由を論理的にしっかりと文章で説明するよりも、敵国のひどい行動によって嘆き悲しむ自国の人々、そんな人々を救うために雄々しく立ちあがる兵士の様子を描いた映像のほうが、イメージや感情、経験に訴えることができるからです。それは論理的な文章よりも何倍もの訴求力を発揮するでしょう。

プロジェクションは、自己の内部にあるイメージや感情、経験といったもやもやとして実体のない表象だけでは成立しません。それが自己の外部にある「なにか」に映しだされてプロジェクションとなります。そして、プロジェクションができたとたん、それまでもやもやとして実体のなかったものが、自分にとってある鮮明な意味を持つことになります。表象が投射される「なにか」は、文章でも音楽でもいいのですが、一目瞭然というくらいですから、やはり映像の力は大きいのです。もちろん、映像にはナレーションとして文章も入りますし、内容の効果を高めるものとして音楽を活用することもできますから、プロパガンダにはこれ以上ないくらいうってつけの手法です。

国家による「騙し」

国家が戦争を遂行する時、国民に戦争以外の選択肢はないことを信じこませるためにプロパガンダが頻繁に用いられます。イギリスの貴族であり政治家であったアーサー・ポンソンビー卿は、第一次世界大戦におけるイギリス政府のプロパガンダを分析して、以下の一〇項目を導きだしました。

①われわれは戦争をしたくはない。
②しかし敵側が一方的に戦争を望んだ。
③敵の指導者は悪魔のような人間だ。
④われわれは領土や覇権のためではなく、偉大な使命（大義）のために戦う（正戦論）。
⑤われわれも誤って犠牲を出すことがある。だが敵はわざと残虐行為におよんでいる。
⑥敵は卑劣な兵器や戦略を用いている。
⑦われわれの受けた被害は小さく、敵に与えた被害は甚大（大本営発表）。
⑧芸術家や知識人も正義の戦いを支持している。

⑨われわれの大義は神聖なものである（聖戦論）。
⑩この正義に疑問を投げかける者は裏切り者（売国奴、非国民）である。

歴史批評学のアンヌ・モレリ先生は、この一〇項目が第一次世界大戦にかぎらず、あらゆる戦争において共通していることを指摘しました。そして、著書『戦争プロパガンダ 10の法則』の日本語版に寄せた序文で、「戦争が終わるたびに、われわれは、自分が騙されていたことに気づく。そして、次の戦争が始まるまでは『もう二度と騙されないぞ』と心に誓う。だが、再び戦争が始まると、われわれは性懲りもなく、また罠《わな》にはまってしまうのだ」と書いています。

いまこの瞬間も、世界では戦争をしています。戦争を望んでなどいないのに、戦争をしているのです。戦争をしている国では、国家による国民へのプロパガンダが、国民のプロジェクションを操作しているのでしょう。それは延々と繰り返されてきた、私たちの負の歴史でもあるのです。

教育に入りこむプロパガンダ

学部生時代の恩師である岡野恒也先生の生前、一度だけ戦争の話をしたことがありました。

岡野先生は、とても自由闊達《かったつ》で独立独歩の研究者であり教育者でした。戦争などには真っ先に反対するような先生が、「僕はね、海軍兵学校で終戦を迎えたんだ。国を守るために自分ができることはこれしかないと思って、自分から志願して行ったんだ。まだ一〇代半ばでね。入れた時はこれで国のために役に立てると嬉しかった。自分は国のために死ぬんだと思っていたよ。本当にそういう時代だった。教育とはおそろしいね」と、なにかの折にぽつりとおっしゃったのです。

ずっとこころに残っていた、三〇年も前の言葉をたよりに、海軍兵学校の名簿を調べてみました。すると、海軍兵学校の七五期生として、岡野先生の名前を見つけることができました。昭和一八年一二月に入校したそうです。もう終戦まで一年半余りですから、戦局はかなり悪かったはずです。それも国民にはどのくらい正確に伝わっていたのかわかりません。岡野先生が物心ついた頃から日本は戦争をしていたのですから、学校でもずっと、いわゆる軍国教育がされていたのでしょう。先生が志願したのは一六、七歳くらいだと思われます。これは私の子どもの年齢と同じです。そう考えると、当時の岡野少年の悲壮な思いや決意が、ぐっと身近に感じられて胸がつまりました。

二〇二三年九月、ウクライナとの戦争をしているロシアの学校では無人機の操縦法などの軍事教練が義務化され、歴史教科書にはウクライナ侵攻を正当化するプーチン政権の主張が盛りこまれるなど、政権の意に沿った「愛国教育」が強化されているとの報道がありました（NHK・クローズアップ現代「ロシア〝愛国教育〟の内幕　戦場に導かれる子どもたち」二〇二三年九月一九日放送）。同調しない生徒や保護者が学校側によって密告され、拘束までされるケースも相次いでいるそうです。

ロシアの学校では二〇二二年九月から、愛国教育カリキュラム『大事な話をしよう』がはじまりました。テーマは「伝統的な家族の価値観」や「演劇」「音楽」など、一見、戦争とは関係のない内容です。しかし、その中身はどれもロシアがほかの国より優れていると刷りこむためのものだと、ロシアで学校教師をしていたナタリア・ソプルノワさんは指摘します。「英雄」の回では、身の危険を冒して祖国に尽くした宇宙飛行士やコロナ禍の医師たちと並べ、ウクライナで戦うロシアの兵士を紹介します。英雄とは他人のために命を捧《ささ》げられる人間だとして、犠牲になることをたたえているのです。

このような内容の授業を受け、社会のために死ぬのは誇り高く大事なことだとして、実際にウクライナで戦う兵士に憧れを持つ子もあらわれているといいます。開始した二〇二二年と比べて、一年間で愛国教育の予算は五倍増になっているそうです。子どもへの「教育」という名目で戦争のプロパガンダをすることが重視されていることがわかります。

ロシアの独立系メディア「ドシエ・センター」のイリヤ・ロジェストベンスキさんによれば、

こうした指導マニュアルは以前から作られていたそうですが、最近では、画像や映像を有効に使おうとしているという特徴があるといいます。そこには、子どもたちのイメージや感情に訴えかけようという意図が見てとれます。ロジェストベンスキさんは「プーチン政権は、子どもたちに『事実』を教えたいわけではありません。自分たち政権の考えや行動に賛同させられれば、それでいいのです。だから、あえて難しいことは教えず、映画やドラマのような美しい物語を見せておけばいい。そう考えているのでしょう」と指摘します。これは、ヒトラーが『わが闘争』で書いていたことと同じです。八〇年以上も前の悲劇と愚行が、また繰り返されています。ロシアやウクライナに、イスラエルやパレスチナに、かつての岡野少年のような子どもたちがいるのだと思うと胸がしめつけられ、国家による教育という名の暴挙に強い憤りをおぼえます。

世界を取り戻すための「デ・プロジェクション」

他者が個人のこころへ入りこみ、ある意図にもとづいて意味や表象を作りあげ、仮想であるイマジナリー〇〇を現実世界にプロジェクションさせる。本章では、その具体的な事例として、霊感商法やオレオレ詐欺の被害者、陰謀論の信奉、戦時のプロパガンダを見てきました。そのようにして他者に奪われてしまった本来の個人の世界は、どうしたら取り戻せるのでしょうか。

まずは、本章でお話ししてきたように、自分のこころと行動はすべて自分がコントロールしている／できるという思いこみを捨てて、他者が自分のこころと行動を操っていることもあると自覚することです。自発的な行動でさえ、時には他者からの巧みな誘導による結果であることをさまざまな事例で見てきました。

次に、他者によって操られたこころと行動のもとには、他者がある意図にもとづいて作りあげた意味や表象があることに気づくことです。ただし、それに自分で気がつくことはなかなか難しいかもしれません。認知科学の鈴木宏昭先生は、私たち人間の持つ認知の仕組みが、特定の状況に出会った時にバイアスを生みだすという視点から、ヒトの賢さや愚かさをとらえています。そして、認知バイアスに見られる人間の愚かさが状況との出会いから生みだされるとすれば、状況を変えることによりそのバイアスが生みだす後悔、事故、惨事を避けることもできると指摘します。

たとえば、図1で説明した三角の錯覚図形の例を思いだしてください。あれは、一部が欠けた三つの円図形があのように配置された状況でのみ、現実には存在しない三角形が「見える」のです。三つの円図形がひとつでも別方向の配置であったなら、三角形は決して見えません。状況を変えるというのは、なにもおおげさなことではなく、たとえばそのようなことです。第一章のブランドや商品購買の事例から述べたように、本来、誰かのこころや行動を意のままにコントロールすることなど簡単にはできません。本章でのさまざまな事例は、情報と状況を絶妙な配置で整えることによって、はじめて可能になっているのです。だとしたら、それらの配置が少しでも変わってしまったら、それまではっきりと見えていたものが、まったく見えなくなることも不思議ではありません。

情報と状況の整治によってプロジェクションが生じるのであれば、情報と状況の離散によってプロジェクションは消滅することになります。それは、「デ・プロジェクション（脱プロジェクション）」といえるでしょう。「デ・プロジェクション」は、新たなプロジェクションをするということではありません。他者にプロジェクションを操作されることで奪われてしまった、本来の個人の世界に戻ることです。

第一章のジュエリーブランドの事例のように、これまでの情報と状況をいったん無にして、いま目の前にある事物のみの価値や意味をあらためて考えてみることは、「デ・プロジェクション」のひとつの方法です。また、魔法のようなマジックショーを別の角度から見るとタネや仕掛けがわかってしまうように、それまでの視点や立場を変えることで情報と状況を離散させることも、ひとつの方法です。「デ・プロジェクション」を当事者自身でやるのは無理だとしたら、周囲の人や家族の支援はとても重要になります。情報と状況が「イマジナリー○○」を作りあげているのですから、情報と状況が変化することで、世界の意味や見え方はガラリと変わっていくでしょう。

孤独が作りだすつながりの世界

本章でとりあげた事例である霊感商法やオレオレ詐欺、陰謀論への傾倒や軍国教育などは、他者との社会的なつながりの希薄さや国際的な孤立が、問題の要因のひとつであると考えられます。

人間は他者との社会的なつながりを維持しようとする生き物です。他者との社会的なつながりが乏しく、孤独を感じているような時には、親身になって話を聞いてくれる人がこころの拠《よ》り所《どころ》になるのは自然なことです。ですからそれが、詐欺や騙しのきっかけに使われることはよくあるのです。

人間以外のものとのあいだにつながりの感覚を作りだすことによって、孤独を補おうとすることもあります。たとえば、ペットやぬいぐるみなどの人間以外のものを擬人化して、人間のようにあつかうことなどは珍しくありません。神などの擬人化された宗教的存在への信仰も、人間以外のものとのあいだにつながりの感覚が作りだされているといえます。

社会神経科学のジョン・カシオポ先生たちのグループは、慢性的に孤独な人と実験的に孤独を感じるように誘導された人の両方において、ガジェットやペット、神のような人間ではないものを人間のように見立てた存在として創造する傾向が見られることをあきらかにしました。孤独な人は、こころあたたかいガジェットや思慮深いペット、あるいは神を作りだすということです。この研究から、社会的な断絶によって人間以外の存在とのつながりを求めるようになることが示されただけでなく、社会的な断絶が、ガジェットやペット、そして神のような超自然的な存在の概念や表象を変える可能性のあることがあきらかになりました。このことは、個人の置かれた状況で、プロジェクションが変化することと関連しているといえるでしょう。

本章では、他者が作りだしたイマジナリーな世界によって、現実世界の自分が苦しめられるプロジェクションについて考えました。自分が知らないうちに他者からコントロールされるのはとてもつらいものですが、自分が無意識に自分自身を縛っているのもかなり苦しいものです。次章では、自分が作りだしたイマジナリーなあれこれによって、現実世界の自分が苦しめられてしまうプロジェクションについて考えてみたいと思います。

第三章　無意識のプロジェクションがあなたを悩ませる

どうしてもそう見える

目の前に、(^_^) という記号の羅列があったら「カッコとハットマーク（校正の仕事をしている人はキャレットだと思うかも）とアンダーバーとハットマークとカッコだ」などと認識する人は少なくて、「笑いの顔文字だ」と思う人が多いでしょう。このように、視覚情報や聴覚情報を受け取った時に、そこに自分がふだんからよく知っているものを思い浮かべて投射してしまう知覚現象をパレイドリア（pareidolia）といいます。壁のシミが顔に見えるのもこの現象です。(^_^) のばあい、物理的な情報としてはただの記号の羅列なのですが、それらをまとまりで認識して「顔」と思うのは、知覚のエラーであり、プロジェクションの異投射であるといえます。

顔文字を見る時には自分が、わざわざ顔だと認識してそれを意識的にプロジェクションしているわけではありません。ただどうしてもそう見えてしまうのです。何度か例としてだしている図1の錯覚図形なども同様です。つまり、プロジェクションには、意識的なものと、そうでないものがあるということがわかります。たとえば、熱心なファンによる二次創作のように、自分の内部で表象を形成し、原作とはあきらかに異なる表象を対象へ自発的に投射することで新たに見えてくるものがあるのが、意識的なプロジェクションです。一方で、顔文字や錯覚図形のように、外部の情報によって自動的に自分の内部の表象が喚起され、自覚的な意図がないのに対象へ投射されることで新たなものが見えてくる、というプロジェクションもあります。

第二章では、他者が情報と状況を完全に整えることで、他者の目的に沿った投射をその人にさせることができるという事例を見てきました。これは、プロジェクションというこころの働きは他者に操作されうる、という確認でもありました。この第三章では、すでにあるさまざまな情報や知識、これまでの経験や考え方のクセなどがソースとなって、自分でも知らないうちに生じさせている、「無意識のプロジェクション」について考えていきます。

自覚なきプロジェクションは操作しにくい

先にプロジェクションの特徴として、とても「操作性が高い」ことをあげました。たしかに、私たちは意識的にプロジェクションを操作できるからこそ、自分を騙すこともできるし、他者への詐欺が可能なのです。ところが、プロジェクションとは意識的な働きかけだけではないようです。外部の情報によって自動的に自分の内部の表象が喚起され、自覚的な意図がないのに対象へ投射されるという、いわば無意識のプロジェクションともいうべきものがあると考えられます。

プロジェクションを操作するには、まずはそれが意識されていることが必要です。反対にいえば、意識できていなければ操作することはできません。だとしたら、先ほどのもうひとつのプロジェクション、自分で自覚していない無意識のプロジェクションは、自分で操作することはできないといえるでしょう。つまり厳密には、プロジェクションの特徴として、意識的なプロジェクションは「操作性が高い」が、無意識でのプロジェクションは「操作性が低い」ということになります。

信じていないけれど感じる幽霊

自覚なきプロジェクションとそれがもたらす影響について考えることができる、こんな研究があります。なんと、人工的に幽霊を作りだすことができるという実験です。スイス連邦工科大学ローザンヌ校の研究チームは、目隠しと耳栓をして感覚を遮断した実験参加者に前方のアームを動かしてもらいました。参加者がアームを動かすのと同時に、参加者の背中を自動制御された別のアームが触れます。参加者のアームと背中のアームの動きが同期している時には、参加者はなんの違和感も持たずに「背中を撫でているのは自分の動きだ」と認識します。しかし、背中のアームの動きが自分の動きよりほんの少しでも遅れると突然、参加者は「幽霊に撫でられているような感覚」をおぼえます。動いているのは間違いなく自分なのですから、その動きも自分の一部なのに、動きが同期していないだけで、自分という主体とは別の外的な存在だと、自動的に認識しているのです。

自覚的な意図がないのに「誰か」を、誰もいないはずの背後へ投射してしまうのです。ただし、実際に誰もいないことはわかっているので、誰かとはきっと「幽霊」に違いないと思いこんでしまうというわけです。この実験では、恐怖のあまり実験を途中でやめた参加者もいたそうです。

この実験の参加者たちが、ふだんから強く幽霊を信じている人たちだとは思えません。この研究から見えてくるのは、私たちのプロジェクションが、自分が思いもかけない幽霊なんていうものすら、自分で作りだしてしまうということです。そして、とてつもない恐怖をおぼえるほど、自分が作りだしたイマジナリーなものに自分が縛られてしまうということです。

第三章では、自分が作りだしたイマジナリーな〇〇によって自分が縛られてしまう、ばあいによってはひどく苦しめられてしまう、さまざまな事例を見ていきます。さっきの実験よりも手軽に出現する「幽霊」や、物や身体や社会通念に亡霊のように取り憑《とつ》く「思いこみ」、もしかしたら幽霊よりも厄介かもしれない「仮想の他者」などについて、プロジェクションの観点から考えていきましょう。

イマジナリー・ゴースト　事故物件：殺人があった部屋には住みたくない

私にはいわゆる「霊感」というものがないらしく、これまで幽霊のようなものを見たこともなければ、どこかの場所でなんだかゾッとするような感覚をおぼえたこともありません。そんな私でも、住む場所を探している時に「ここは以前、殺人があった部屋でして」と言われたら、どんなに条件が良くて気に入ったとしても、やはりそこで生活することを躊躇《ちゅうちょ》してしまうと思います。そしておそらく、たいがいの人は同じように思うのではないでしょうか。

いまの例のように不動産取引や賃貸借契約の対象となる土地・建物や、アパート・マンションなどのうち、その物件の本体部分もしくは共用部分のいずれかにおいて、なんらかの原因で前居住者がいわゆる「悲惨な死に方」をした経歴のあるものを「事故物件」といいます。不動産を含む売買契約に関する民法では、業者には「契約不適合責任」があります。売主や貸主には物件の欠陥を担保する責任があると定められており、事故物件は「心理的瑕疵（欠陥）」に相当するとされています。

二〇二一年一〇月、国土交通省は「宅地建物取引業者による人の死の告知に関するガイドライン」で、いわゆる事故物件について、不動産業者が入居予定者らに伝えるべきかどうかの指針案をはじめてまとめました。告知が必要でない事案は、病死、自然死、日常生活にともなう事故死です。告知すべき事案は、他殺、自殺、階段からの転落や入浴中の転倒・不慮の事故（食べ物を喉に詰まらせるなど）以外の事故死、事故死か自然死か不明なばあい、長期間放置され臭いや虫が発生するなどしたばあいとなっています。

このガイドラインを読むと、心理的瑕疵とされる事故物件の「心理的」の部分がいずれもプロジェクションによるものであることに気づかされます。事故物件の部屋はきれいにリフォームされているはずですから、見たところではもちろん殺人や事故の痕跡など跡形もなく、説明されなければまったくわかりません。けれど、一度でも事情を知ってしまったら、もう知る前の気持ちには戻れないのです。

動物がある場所や物を回避するばあいは、それがその動物にとって危険であるからです。ところが事故物件のばあい、自分はそこでの事故や事件にはまったく関係ないのですから、物理的にはもちろん、人間関係的にも事故物件を回避する理由はありません。しかし、ふだんは幽霊や死者の怨念などを信じていなくても、「悲惨な死に方」をした人が最後にいた場所で、毎日暮らしていくのはなんだか嫌なのです。そこには、うまく説明はできないながら、悲惨な死への漠然とした忌避感がプロジェクションされています。

この部屋に住んでいたら、なにか不可解な現象が起こって怖い目にあうのではないか、死者の霊が見えてしまうのではないか、自分のこころや身体になにか不調が起こるのではないか、考えだしたらキリがありません。それはなんの根拠もなく、合理的な説明でもなく、そんな経験をこれまでにしたわけでもないのですが、場所と事情を起点にして私たちの想像力は無限に広がっていきます。

プロジェクションは表象と対象が必要なこころの働きですから、事故物件という場所（対象）と悲惨な死という事情（表象）がそろったことで、止めようとしても自動的にプロジェクションがなされてしまい、悲惨な死への漠然とした忌避感がさまざまな具体例として顕在化したといえるでしょう。

悲惨な死への漠然とした忌避感や恐れが事故物件という部屋と結びついたなら、死者の生命感（これは大いなる矛盾であり、非合理的だからこそ不気味なのですが）を事故物件の部屋で感じてしまうともいえます。部屋にまつわる事情を知ったことで、ドアがうまく閉まらないとか湿気がたまってカビ臭いなど、住居としての物理的な不具合について、「もしかしたら死者の怨念が…？」というアブダクションで推論することによって、部屋に霊の存在をプロジェクションしてしまうのです。ふだんは霊など信じていないような人でも、事故物件となるとあまり気持ちが良いものではないと思うのも無理はありません。私たちは案外、ちょっとした情報ひとつから、手軽に幽霊を出現させてしまうのです。

イマジナリー・コンタミ　魔術的伝染：殺人犯が着ていた服は洗っても着たくない

環境に対する清潔感や嫌悪感の感覚には、かなり個人差があるといえます。自宅以外の洋式トイレでは、誰が座ったかわからない便座に自分も直《じか》に座るわけですが、まあそういわれてみればそうだけどあまり気にならないという人もいれば、それがどうしてもできないという人もいます。洋式トイレの例は、自分が対象に物理的な接触があるばあいですが、物理的な基盤を持たなくても性質や価値が事物に伝わるとする信念を「魔術的伝染（magical contagion）」といいます。魔術的伝染は、原始宗教や儀礼に関する文化人類学の分野で最初に注目されましたが、近年では認知科学や発達心理学でも研究されるテーマになっています。

たとえば、有名な歌手がライブで着用していた服がオークションにかけられ、高値で取引されるのは魔術的伝染によるものです。このような魔術的伝染には、ポジティブな伝染とネガティブな伝染があります。有名な歌手の服のような例は、ポジティブな伝染のひとつで「セレブリティ伝染」といいます。セレブリティ伝染では、有名な歌手の価値が服という事物に伝わっていると考えているからこそ、物理的な服としての価値以上の意味がそこに見いだされているわけです。これはまさに、プロジェクション以外のなにものでもありません。

セレブリティ伝染は、子どもにも見られます。発達心理学のポール・ブルーム先生らは、イギリスの六歳児を対象に同じおもちゃを見せて、片方はエリザベス二世がかつて所有していたもの、もう片方はそのコピーだと説明しました。すると子どもたちは、まったく同じおもちゃであるにもかかわらず、コピーよりもエリザベス二世がかつて所有していたほうを高い価値があると判断しました。おもしろいことに、この傾向は幼い頃に毛布やぬいぐるみなどの愛着対象を持っていた子どもでより顕著に見られました。このことから、自分の内的世界を外部の対象に投射するプロジェクションの働きの強さが、魔術的伝染の傾向と関連していることがわかります。

一一九〜一二一ページの異投射の説明のところで例にだした「床に落とされた（かもしれない）クッキーは見たところ汚れてはいないけれど、汚れている（ような気がする）から食べたくない」と思うのは、ネガティブな魔術的伝染によって形成された表象がプロジェクションされた結果であるといえます。このように、ネガティブな性質が伝わるばあいには「汚染（contamination）」という用語が使われます。ネガティブな伝染は、セレブリティ伝染のようなポジティブなものに比べて伝染力が強く、効果も長く続きます。

ネガティブな性質が伝わるばあいとしては、たとえば、殺人者が着ていたセーターは、それがもし完璧にクリーニングされていたとしても、手を通したくないという忌避がとても強いことがわかっています。先ほどの事故物件へ感じる恐怖や嫌悪も、まさにネガティブな魔術的伝染であるといえます。事故物件の問題は、部屋がすっかりリフォームされていても、悲惨な死に関する性質や価値が部屋という事物に伝わるという信念が関係しているからです。

連想が汚染を伝染させる

ネガティブな伝染については、汚染源を連想させるだけで汚染の伝染が生じることがあります。それは「連想による汚染（associational contamination）」と呼ばれています。連想による推論はしばしば、非科学的で非合理的な思いこみによる判断を導きます。

子どもよりもむしろ大人のほうが、科学的でない非合理的な思いこみをしていることを示す研究があります。発達心理学の外山紀子《とやまのりこ》先生は、大人（大学生）と四歳児・七歳児を対象に、連想による汚染に関する実験をおこないました。すると、七歳児と大人は、塩や砂糖といった味覚的な伝染物質よりも、糞《ふん》やゴキブリなどの嫌悪される汚染物質と、毒などの危険な汚染物質に対して、より強い伝染の効果を示しました。一方で、四歳児にはそのような違いは見られませんでした。

この実験で大人は、ゴキブリと水が物理的には接触していないことがあきらかなばあいでも、ゴキブリを連想させるようなものが付加されたコップに入っている水を飲むことに躊躇しました。外山先生は、連想による汚染の感覚は、子どもよりも大人のほうが強いといいます。

外山先生はまた、「毒」というラベルを貼った瓶に青い粉を入れ、その青い粉が水に混ざれば水が青く変色し、そうでなければ変色しないという状況を用意しました。水の色が変わらなければ、青い粉と水は物理的に接触しておらず、水が汚染されていないことはあきらかです。四歳児では、水の色が変化しない条件では、汚染の感覚は抑制されました。しかし大人は、水の色が変化したばあいはもちろんですが、青い粉と水が接近していただけで物理的には接触していない条件でも、汚染の感覚を抱きました。さらに、実験に参加したうちの何人かは、吐き気を抑えるかのように口元に手をやったり、ムカムカするといってお腹《なか》のあたりを押さえたりしたそうです。実際には汚染されていないけれど、汚染源を連想させるような水は「汚染された水」として認識され、身体的な反応までも引き起こしてしまうことがわかります。

物理的な状況は理解されているのに、その理解と矛盾するこのような認識や身体反応を生じさせるプロジェクションの効果について、ある意味でおそろしさすら感じます。外山先生の実験結果は、子どものほうが科学的で論理的な判断をしているのに対し、大人はむしろ非科学的で非合理的な思いこみをしていることを教えてくれます。

理屈としては理解できているけれど、気持ちとしては受け入れがたい、そんなことは日常でもよくあります。これは極端な例ですが、たとえば、便器の形をしている容器に入ったたいい感じのカレー（いま思わず想像してしまい不快になった方、こんな例を出して本当にすみません！）。まったくなんの問題もない、ただのカレーです。しかし、便器の形をしたお皿にそれがいい感じで盛られていたら……まったくなんの連想もせずに、さあ食べよう！という気持ちにはなれないでしょう。けれど、それは本当にただのカレーなのですから、気持ちとして受け入れがたいのは食品への非合理的な判断です。このカレーを食するには、連想した表象のプロジェクションを取り下げ、理屈として理解したことを再度プロジェクションすることが必要です。それは、なかなか難しいとは思いますが。

風評被害と思いこみ

このような汚染に関する伝染で思い浮かぶのは、いわゆる「風評被害」の問題です。風評被害とは、安全であるにもかかわらず、根拠の不確かな噂《うわさ》や科学的根拠にもとづかないデマなどによって被害を受けることを指します。経済的被害だけでなく、風評を受けた人々への差別や名誉毀損等の人権侵害も含まれます。特に、汚染との関連では、二〇一一年に発生した東日本の大地震を発端とした福島第一原子力発電所事故が原因で、放射性物質に関連するさまざまな風評被害がありました。

風評被害の問題に詳しい社会心理学の関谷《せきや》直也先生は、東日本大震災から五年後の時点で、もし放射性物質との関連で購入を躊躇するようなばあいは、少なくともいまの福島県の検査体制や検査結果の事実は知ること、科学的にそれらを拒否する合理的な根拠はすでにないと理解することを奨励しています。そして、それらを承知したうえで躊躇するのであれば、それは少なくとも消費者自身の「感情」の問題であることを自覚する必要がある、と指摘しています。「福島県産」と名前がつくだけで売れないのならば、福島県沖でとれた魚介を近隣県の港で水揚げして「○○県産」とする、などという措置は、魚介そのものにはまったく違いはないのですから、まさにプロジェクションの問題です。

さらに、関谷先生が問題視しているのは、農作物の生産や流通・販売に関わる人々のあいだで震災後に事実と異なるある種の誤解が、事実であるかのように「神話化」されたことです。「どうせまだみんなが不安に思っているから売れない」という「消費者心理への思いこみ」が再生産されているといいます。ところが、農作物の生産関係者や流通業者のなかで定説となっていた「多くの人が福島県産をまだ拒否している」「教育委員会が福島県産を給食の食材として納入しないように言っている」「子育て世代が強硬に拒否感が強い」などといった噂については、明確な事実や調査データはなかったのです。「子育て世代の拒否感」については、他世代と比べて一割程度、不安感の強い人が多いという結果でした。にもかかわらず、これら消費者に関する思いこみが関係者のなかで定説となり、価格下落や取引量減少という現状を是認したことで、流通が滞っていることが「事実」となってしまうことが問題なのです。

「頭では大丈夫だとわかっているけれど、なんとなく嫌だ」という感覚は、決して特別なものではありません。先ほどのカレーの例でも考えたように、誰だってそのように思うばあいもあります。だからこそ、風評被害のような問題に関しては、なんとなく嫌なのは気持ちだけなのであり、頭で理解したことをしっかり見つめ直してみようと考えることが大切なのではないでしょうか。消費者も、生産者や流通関係者も、自分の非合理的な思いこみによるプロジェクションに気づくことが、風評被害を抑えたり、差別を生まないことへとつながっていきます。

魔術的伝染における「距離感」とは

人間は、出来事や対象に対する心理的距離が遠い時にはより抽象度の高い解釈レベルで考えようとし、逆に心理的距離が近い時にはより具体的なレベルで考えようとする傾向があります。それを「解釈レベル理論」といいます。ここでの心理的距離には、出来事との時間的な距離、対象との空間的な距離、他者との社会的な距離などが含まれます。

魔術的伝染における距離感には、どのような効果があるのでしょうか。認知科学の阿部慶賀《けいが》先生は、ポジティブな伝染（セレブリティ伝染）とネガティブな伝染（事故物件）の事例を用いて、出来事との時間的な距離や他者との社会的な距離による効果の違いを検討しました。

結果としては、セレブリティ伝染でも事故物件でも、生じた出来事から現在までの時間が長かったり、対象と自分とを仲介する他者の人数が多くなって社会的な距離が遠くなるほど、魔術的伝染の効果は低減しました。心理的な距離感と伝染の効果は反比例の関係にあるといえます。ただし、セレブリティ伝染と事故物件で、効果の出方には異なる部分がありました。セレブリティ伝染では、時間的な距離の効果は緩やかでしたが、仲介する他者の人数による社会的な距離の効果は鋭敏にあらわれていました。事故物件では、時間的な距離の効果が鋭敏にあらわれ、仲介する他者の人数による社会的な距離の効果は緩やかなものでした。

この結果は、ポジティブな伝染とネガティブな伝染では、心理的な距離感の意味が異なることを示唆しています。ポジティブな伝染のひとつであるセレブリティ伝染は、対象が実在する人物であることから、対象と自分のあいだに入る他者という人物の効果が強く影響するのかもしれません。一方で、事故物件のばあい、対象は具体的な人物というよりは、事件や事故という出来事になるので、それが起こってからの時間が効果として強く関連するのではないかと考えられます。

そもそも物理的な問題を無視した魔術的伝染というプロジェクションについて、イメージのなかとはいえ、人数や時間といった物理的な効果が影響するのは、とても興味深いところです。私たちのこころが見ているものとは、曖昧なのか厳密なのか、なんだかよくわからなくなってきます。

イマジナリー・ボディ　摂食障害：私の身体はこうじゃない

自分の身体は自分が一番よくわかっている、といいます。日常生活で自分の身体について、病気や不調の原因はともかく、なにかいつもと違う感じがするなどの感覚は、たしかに自分こそよくわかることかもしれません。

それと同じように、自分の身体の動かし方や動ける感覚なども、自分こそよくわかると思っているでしょう。だって、自分の身体なのですから。けれど本当にそうでしょうか？　私は、子どもと一緒に公園で遊んでいる時に、昔やったからこれくらいできるとやってみた遊具で、全然身体が動かず情けない思いをすることがよくあります。これは、以前できていた時の自分の身体機能のイメージ（表象）があって、それと現在の実際の身体（対象）がズレているからです。つまり、自分の身体に関するプロジェクションのエラー（異投射）ということです。自分の身体のことは自分でよくわかっていると思っているけれど、実はそれが正しいとはかぎらないというわけです。

あたりまえに思っている自分の身体は、本当に自分なのでしょうか。認知科学の小鷹《こだか》研理《けんり》先生は、脳と感覚が作りだす身体の錯覚から、自己の身体像について研究しています。小鷹先生わからなかったら、ぜひ「ブッダの耳錯覚」で小鷹先生の動画を検索してみてください）。

この作業は、実験者と錯覚体験者のふたり一組になってやります。まず、実験者が体験者の片方の耳たぶを両手を上下にして軽くつまみます。その上の手で耳たぶを下に何度か引きながら、動きに合わせて下の手で体験者の「見えない耳たぶ」をみょーんと下にスライドさせます。ヨーヨーが上下するようなしなやかな動きでだんだん伸びていく感じです。この時、体験者は、実験者の手の動きがぼんやり視界に入るような感じで前を向いてリラックスします。実験者が、耳たぶを引っ張ったり戻したりするのを繰り返していると、体験者は、自分の耳たぶが実験者の手の動きと連動して下側に長く伸び縮みしているような錯覚をおぼえるのです。これが「ブッダの耳錯覚」です。

この錯覚現象は、実際の耳たぶが引っ張られる感覚によって形成された見えない耳たぶの表象が、実験者の伸ばした手の先に投射されて生じたプロジェクションによるものだといえます。私も最初にこれを体験した時は驚きましたが、学会へ一緒に行った子どもに体験させてみたら本当にとてもびっくりして、なんともいえない表情をしていました。

自分の身体が、自分の思うような感覚や動きではないことをもたらすと、ふだん感じたことのない驚きや違和感があります。それはつまり、ふだんはいかに自分の身体を自分の思うようにとらえているか、ということの裏返しでもあるのです。

認知の偏りとボディ・イメージ

ダイエットに関心のある人は多いでしょう。最近は少し太ってしまったからちょっと食べる量を控えよう、この服を着たいから頑張って痩せよう、などと考えることはふつうの感覚です。ただし、食事の量や食べ方など、食事に関連した行動の異常が続き、体重や体型のとらえ方に変化があらわれて、こころと身体の両方に支障がでてしまうと、それは「摂食障害」という病気です。

摂食障害は、症状の内容によって細かく分類されています。健康な生活に必要な量の食事を食べられない、自分で食事行動をコントロールできずに食べすぎる、いったん食べた食べ物を自分で意図的に吐いてしまうなど、さまざまな症状があります。摂食障害になると、心身の発達と健康、他者との関係、学業や仕事などの日常生活に深刻な影響があります。体重減少や栄養障害、嘔吐《おうと》などの症状によって合併症を発症し、ばあいによっては死にいたることもある重大な病です。

こころの症状としては、完璧主義や自尊心が低いこと、精神的な苦痛、気分の変化が大きいことなどが見られます。ふつうよりもあきらかに痩せていたり、異常な食べ方をしたりするので、気づいた周りの人は心配するのですが、本人は病気だという自覚があまりないことも特徴です。家族や社会から孤立していることも少なくありません。

摂食障害については、精神医学や心療内科学、臨床心理学などで、さまざまな研究や治療がなされています。摂食障害はこころも身体もとても苦しい病気ですが、その原因はひとつではありません。食事指導やカウンセリング、行動療法などで、時間をかけてこころと身体の治療がおこなわれます。

いろいろな症状のタイプがある摂食障害ですが、共通していることは、自分の身体を実際よりも太っていると認識することであり、これは摂食障害の本質的な特徴であるといえます。これをプロジェクションの枠組みにあてはめてみると、自分のボディ・イメージ（表象）があって、それと自分の実際の身体（対象）がズレている状態です。プロジェクションでとらえる摂食障害とは、自分の身体に関するプロジェクションのエラー（異投射）であると考えられます。

そこで、プロジェクションの視点から、認知の偏りとボディ・イメージについて見ていきましょう。

自分の身体は物体でありイメージでもある

摂食障害傾向と認知の偏りには関連があるのでしょうか。臨床心理学の荒川裕美先生と心療内科学の小牧元《げん》先生は、大学生を対象に、摂食障害の傾向を測る質問紙調査とビーズ玉課題を実施しました。ビーズ玉課題とは、推論の傾向について情報収集量の観点から測定する課題です。実験参加者に、赤いビーズが八五個・白いビーズが一五個入った箱Aと、逆の割合でビーズが入った箱Bを見せてから、両方の箱を隠します。参加者は、隠されたふたつの箱のどちらか一方から、ひとつずつ取りだされるビーズの色を見て、ビーズが取りだされた箱がAかBかを判断します。判断までに取りだされたビーズの個数が、その人が推論に必要とした「情報収集量」として評価されます。

すると、摂食障害傾向の高い群は、そうでない群よりも有意に少ないビーズの数でAかBかを判断しており、推論の際の情報収集量が低いことがわかりました。これは患者ではなく一般の大学生を対象にした結果ですが、摂食障害で見られるような認知の偏りには、少ない情報量で強い確信を抱いてしまう傾向が関連しているのではないかと考えられます。

摂食障害の患者における所見のひとつとして、神経心理学の三村悠《ゆう》先生は「セントラル・コヒアランス（central coherence）」の低下を指摘しています。これは、細部にこだわってしまうことで全体を見ることができないという状態です。いわゆる「木を見て森を見ず」だといえばわかりやすいでしょう。もともとは発達障害の分野で注目されていた概念ですが、近年では摂食障害でも多くの報告がなされています。細部にこだわってしまい全体を見ることができなければ、正確な判断をするために収集できる情報の量も少なくなってしまいます。

非合理的な信念やボディ・イメージの偏りは、摂食障害の症状にどのような影響をおよぼしているのでしょうか。臨床心理学の松本聰子《さとこ》先生らのグループは、摂食障害患者と一般大学生を対象に、ボディ・イメージの偏りや非合理的な信念などについて調査しました。実際の体型と理想体型との差や自分は太っていると感じるなどボディ・イメージの偏りは、摂食障害のなかでも特に、いったん食べた食べ物を自分で意図的に吐いてしまうような症状の患者で顕著に見られました。また、摂食障害の患者は非合理的な信念を持っている傾向が高いことがわかりました。これは、体重や体型といった特定の事項に対する非合理的な思考だけではありませんでした。患者はなかでも、問題回避を促すような思考の傾向があるという結果は、摂食障害の食行動がストレスに対する回避行動であるという見解とも一致しています。

自己や他者のとらえ方が、ボディ・イメージの偏りに関係しているという研究もあります。健康心理学の長谷川洋子先生らのグループは、大学生を対象に、対人関係の基本的な構えが摂食障害の傾向とボディ・イメージの偏りに与える影響について検討しました。その結果、自己肯定と自分のボディ・イメージの偏りとのあいだには負の相関が見られ、自己肯定感が低いほど、自分のボディ・イメージの偏りが大きくなることがわかりました。さらに興味深いことに、他者肯定と他者のボディ・イメージの偏りとのあいだにも負の相関が見られました。これは、他者肯定感が低いほど、他者のボディ・イメージも歪むということです。このことから、ボディ・イメージというのは、自分だけでなく他者にもプロジェクションされるということがわかります。そういわれてみれば、他者の体型に対する誹謗《ひぼう》中傷が珍しくないことを考えると、たしかにそのとおりだと納得します。

世界保健機関が一般的に健康であるとする「標準体重」だけでなく、身長に対する体重の目安としてレベルがいろいろあるのが現代です。ほどよく脂肪が残っていて見た目としてスリムなスタイルである「美容体重」、モデルや女優のように細い体型の方に多い「シンデレラ体重」などといわれているレベルの計算式がダイエット情報として知られています。これよりも軽い目安になる「モデル体重」というのもあるのですが、これは摂食障害につながる可能性など健康へのリスクが高まることが警告されています。

自分のボディ・イメージ（表象）と自分の実際の身体（対象）がズレているのは、摂食障害のばあいだけではありません。ダイエットに対する一般の関心はとても高いことから、多くの人は自分の体型になんらかのイメージを持っているのではないかと考えられます。健康科学の山中健太郎先生らのグループでは、一般の大学生を対象に、ボディ・イメージを調査しました。その結果、大多数が自分のボディ・イメージを実際よりも「太っている」と評価している認知の偏りが示されました。これは、個人の体重やＢＭＩ、脂肪率などとは関連なく見られた傾向です。さらに、日常レベルのダイエットとして、食事を制限して常に我慢しているという認識のある人は、自分のボディ・イメージの偏りが大きくなる傾向がありました。強い食事制限によるダイエットには、自分のボディ・イメージを歪ませる可能性があるといえるでしょう。

これらのいろいろな研究から見えてくることは、自分の身体とは物理的なものでありながら、自分のイメージでもあるという事実です。私は、家族がいつのまにか撮った自分の後ろ姿などの写真を見る時、いつもひそかに驚いています。なぜなら、それが自分とは思えないくらいちょっと、いやだいぶふくよかな感じなので。写真映りが悪いのかなと思いたいのですが、家族に聞いたら「いや、実際こんなもんだよ」と言うはずなので、絶対に聞かないようにしています。

あなたが見ている自分の身体とは、「本当の自分」なのでしょうか。あなたにとっての本当の自分とは、物理的な身体のことなのか、ボディ・イメージのことなのか。私たちは、自分の身体は自分が一番「よくわかっている」と思いこんでいる」というのがどうやら正解のようです。

イマジナリー・ジェンダー　「男だから／女だから」でもやもやする

ジェンダーをめぐる問題にはさまざまな切り口があります。私は特に、個人のなかにあるジェンダーへの固定観念や、それによる無意識の縛りのようなものに関心を持っています。なぜ、私がそのような問題へ興味を向けるようになったのか、個人的なエピソードによるちょっと長めの前置きにおつきあいください。

私は、市民講座などでジェンダーに関する講演をすることもありますが、ジェンダー研究の専門家というわけではありません。それどころか長いあいだ、ジェンダーのさまざまな問題について、かなり鈍感な人間だったと思います。中学から大学院までずっと女子校で、生活全般において相対化される性が不在だったためか、そもそも自分が女性であることすらほとんど意識していませんでした。母校の友人たちは性別の枠などを超えて、ただ無秩序に個性的だったという印象です。大学院では、所属していた女子大以外の研究所などで長期の研究活動をおこなうことが多かったのですが、女性だからとわざわざ意識させられた記憶はほとんどありません。サルの研究などしているのは、それだけでとてもマイノリティだったこと、そんなマイナーな領域で嬉々《きき》として研究活動をしている人間には変人も多く（これは偏見であり、事実でもあります）、女性とか男性とかいうよりもおそろしく奇異で多様な人々のなかにいるという認識でした。

そんな私が、研究者として女性であることを意識したのは、就職と妊娠の問題に直面した時でした。つきあっていた相手の大学への就職が決まったのでこれ幸いと結婚し、サルの認知研究で博士の学位をとったはいいけれど就職先がありません。それまでいた研究所のポスドクで何年か食いつないでいましたが、それも年限がありました。いつのまにか、いよいよ新しい所属先を探さなくては、研究を続けていくことができないところまで追いつめられていました。私はとっくに三〇代になっていましたので、妊娠・出産を考えるなら、いつまでも先延ばしにはしていられない年齢でもありました。いま大事なことは、就職か？　それとも妊娠・出産か？　それらを同時に考える必要に迫られた時にはじめて、私は自分が女性であることに気づいたのです。そうか、就職の悩みを分かち合うポスドク仲間の男性たちは、自身の妊娠・出産のリミットには悩まなくてよいのだ、と。

とはいえ、就職や妊娠はどんなに頑張っても、自分がどうにかできるものではありません。どちらも崖っぷちなのだから、先に決まったほうに全力投球しよう、ということにしました。もし就職が決まったら、しばらく妊娠・出産のことは考えない。もし妊娠したら、しばらく就職のことは考えない。最終的に選ぶのは自分ではない、と思ったら気が楽になりました。何度か期待と落胆を繰り返し、なんということか、就職と妊娠は同時にやってきたのです。私は、新しく発足した研究センターの新人助教となり、新人妊婦となりました。けれど妊娠して勤務しているこの時でも、女性であることを意識こそすれ、ジェンダーの問題にはまったく関心を持っていませんでした。私がジェンダーの問題に気づくのは、出産後の思いがけない事態からとなります。

自分のなかにあったジェンダーの呪縛

予定どおり産休に入って、特に問題もなく無事出産ができました。ところが、母子ともに健康、とはなりませんでした。出産直後、子どもには先天性の心疾患があることがわかり、専門の病院での長期の治療と、数年間にわたる段階的な外科手術が必要だと告げられたのです。青天の霹靂《へきれき》とはまさにこのことでした。最初の一撃を乗りこえて数ヶ月がたち、どうにか子どもの治療に付き添う生活が日常になってきた頃、私は自分が「病気の子どものお母さん」になっていることに気がつきました。

子どもが集中治療室から一般病棟に移ると、私は子どもと一緒に入院して生活する「付き添い入院」をすることになりました。これはもう十数年前の様子ですが、病院にはほかにも付き添い入院している親がたくさんいて、そのほとんどは母親でした。病院も医師も看護師も、付き添いは「お母さん」である前提で対応しているようでした。たまに祖母や父親のばあいもありましたが、それは「代理」と見なされていましたし、実際のところそうでした。

社会の風潮としては、父親による子育て啓発の動きもあり、子どもの世話をするのは母親だけとはかぎらないという意識は高まっているところだったので、私がこの付き添い入院の光景に違和感をおぼえたのかというと、実はそうではありません。子どもが病気だったら看病するのは母親でなければならない、という固定観念を自分自身が持っていることに気がついたのです。

それをはじめて自覚したのは、子どもの担当看護師さんになかなか仕事復帰の話をできなかった時です。子どもの治療には長い時間がかかりますが、ある程度の措置が済んで退院し、日常生活に大きな支障はないところまで回復していました。私はこれからこの日常を生きていくのだと、少し先が見通せるようになった時、ようやく仕事への復帰が現実的になりました。しかし最初は、仕事のことを意識するだけで、後ろめたい気持ちでいっぱいでした。病気の子どもがいるのに仕事へ戻りたいなんて、私は悪い母親なんじゃないか、と自分を責める思いに苛まれました。担当の女性看護師さんは、とても朗らかで常に寄り添ってくれる心強い存在でした。しかし私は、ふたりのお子さんを育てる母親でもあった彼女に、復職の話をすることを躊躇していたのです。彼女自身も働く母親であるにもかかわらず、いや、だからこそ、子どもが病気なのになんてひどいと思われるのではないか、と勝手に気に病んでいたのです。私にとって「病気の子どものお母さん」は、まさにジェンダーによる呪縛でした。

私が復職のことを口にできないでいる頃、夫や上司は復職するのが当然として、具体的にはどうしたらいいだろうと考えはじめていました。それを目の当たりにして、私は自分のなかにこそ、子どものケアは母親の役割、病気ならなおさら全身全霊で向かい合うべきだ、というような思いこみがあることにようやく気がつくことができました。その思いこみを解いて、自分の気持ちと向き合ってみようと思えたのです。そして私は、子どものことが第一なのはあたりまえ、できるかどうかわからないけど仕事に復帰したい、せっかくつかんだキャリアを手放したくない、もし両立できなかったら迷うことはない、子どもを優先するんだ、というはっきりした自分の希望をようやくたしかめることができました。

性別役割分業の越境や強調

その後、実際に復職するにあたっては、またいろいろな紆余《うよ》曲折があり、医療的ケアの必要な慢性疾患のある子どもを預けて仕事をする母親という存在が、いかに既存の保育制度から外れたものであるかを思い知らされました。そんな実体験をきっかけに、ワークライフバランスへ視野を広げることになり、研究者仲間と一緒に出版したのが『女性研究者とワークライフバランス　キャリアを積むこと、家族を持つこと』です。

執筆してくれた先生たちは私を含め、別居婚や夫の長期育児休業と妻の通常就業、試行錯誤の末に夫が専業主夫、慢性疾患児の長期的なケアなど、一見すると特別な状況にいる人たちでした。しかし、そういう状況の人をわざわざ探してきたわけではないのです。以前から知人だった研究者が、気がつけばそういう状況だったのでお願いをしました。

ワークライフバランスを考える時に、性別役割分業や性役割観を切り離すことはできません。性別役割分業とは、「男は仕事（稼業）・女は家庭（ケア・ワーク）」のように個人の能力とは関係なく、男性・女性という性別を理由として役割を分けることです。執筆を依頼する時に明確な意識はなかったのですが、私はそのような性別役割分業を越境したり逆転している人（夫の長期育児休業と妻の通常就業や専業主夫）、あるいは強調している人（病児の長期的なケア）の問題意識について関心があったのだと、いまになってあらためて思います。

実際に、執筆した先生たちがいたるところでぶつかっているのが、性別役割分業にともなうジェンダーの問題でした。それがジェンダーの問題だと明確な自覚があるなしにかかわらず、社会における固定観念、自分たち家族のなかでの意識など、おそらくそれまで考えたことのなかったようなことを通して、ジェンダーに向き合っていることが見てとれました。もちろん、私自身もそうでした。

ジェンダーにまつわる「思いこみ」

そのようにして、いったんジェンダーの問題に気がついてみると、現代の社会がいかにジェンダーの「思いこみ」に縛られているかを、いたるところで感じるようになりました。そして、そのような思いこみによって、その人自身が知らないうちに苦しんでいる問題があることにも目が向きました。

男女は平等である、ずっとそのような教育を受けていて、十分にそれを理解していると思っているのに、なかなか個人としても社会通念としても変化しにくいのが、性別役割分業のような「ジェンダー役割ステレオタイプ」であると、社会心理学の鈴木淳子《あつこ》先生は指摘しています。ジェンダー役割ステレオタイプは強固で内容が変化せず、個人内・対人関係・家庭・職場などに深く広く浸透しています。そして、他者への評価にも影響を与えるため、個人は自分自身の内部と社会的な外部の両方から、たえまないプレッシャーにさらされているといえます。

先ほどの、私の復職に関する葛藤や苦悩は、夫や上司からしてみれば「なんでそんなふうに考えるの？　病気の子どもがいるから復職できないなんて、それはあなたの思いこみだよ」ということでしょう。プロジェクションの視点で考えれば、私という対象に、夫や上司は「せっかく得たキャリアをなんとかして継続する研究者」という表象を投射しており、私自身は「重い病気の子どもがいるお母さん」という表象を投射しているのです。けれど、復職に関しては、前者の表象が投射されて当然なのですから、私のプロジェクションはエラーといってよいでしょう。前者の「なんとかして継続する」の部分に、慢性疾患の病児をどこで保育するか、長期入院時の付き添いはどうするか、などの問題に対する具体的な模索があるのです。

現代の女性が自分自身を縛る「理想の母親像」という問題について、ジャーナリストで教育社会学の中野円佳《まどか》先生は、母親の育児意識に着目しました。詳細なインタビュー調査から、現代の育児世代には、出産は自己決定であり育児は極力自己責任で行うべきという考え方があるため、自立意識が強く親を頼ることへの抵抗感があることや、長時間保育による子どもへの罪悪感があることを見いだしています。そして、母親に求められていることに「子どもの達成」があると指摘しています。なにかができるようになれば子どもとともに母親が褒められ、なにかができないと母親としてのあり方に疑問を持たれる、そんなことはたしかに珍しくありません。子どものために母親が「ちゃんとして」あげなければ、という無言のプレッシャーを母親たちは受けているといえるでしょう。

アメリカのジャーナリストであるジェニファー・シニアさんは、家事時間の変化と母親の意識について考察しています。この五〇年でアメリカの家庭の主婦が家事に従事する時間は半分に減少しました。現代の母親は、どの時代よりも多くの時間を子どもと過ごしています。母親である女性たちは、なににプレッシャーを感じているのでしょうか。それはかつて、一点の曇りもない「家庭」を維持することだったのが、いま、非の打ちどころのない「母親」であることへ移っているといいます。ここでも「ちゃんとした」子育てをしなければ、という強迫観念がいまだに根強く存在していることがわかります。これは日本の母親たちにおいても同様でしょう。

「ちゃんとした」母親というような、わかるようではっきりしない信念とは、たとえば、知らないうちに着ていた「着ぐるみ」のようなものだなと思います。着ぐるみとは、テーマパークなどにいる、あれです。着ぐるみを着たことのある人は多くないと思いますが（私も着たことはないです）、小さな目のところから見える視野は極端に狭く、自分がどんなものを着ているのかを、自分で見ることもできません。思いこみとは、まさにそんなものではないでしょうか。

「それでいいんだ」という解放

子育てというケア・ワークにおいて、生命の維持や健康と密接に関わる「食事」は関心の高い問題です。ジェンダー役割ステレオタイプが強固なものであるがゆえに、母親である女性にとって、食事は大きなプレッシャーのひとつです。「ちゃんとした」母親として「ちゃんとした」食事を作らねばならない、そんな外部の圧力や自身の呪縛に悩む女性はとても多いのです。

だからこそ、あえて声を大にして言っていかなければ、という思いで識者たちは発信しているのでしょう。テレビや雑誌でも有名な料理研究家の土井善晴《よしはる》先生は、家庭料理はごちそうでなくていい、ご飯と具だくさんの汁物で十分であると、ことあるごとに言っています。「ひと手間掛けることを愛情だと誤解している人が大勢いますけど、それは自分で料理のハードルを上げて自分を苦しめているだけ」「作り手が気を張って手間暇かけた料理を出すよりも、『今日はこれしかないからごめんね〜』と笑って出してくれる料理のほうが家族はみんな幸せになれる」という土井先生の言葉に、どれだけの母親たちが救われたでしょうか。

また、尾木ママとして親しまれている教育評論家の尾木直樹先生は、我が家の食事はこれでいいのかと悩む母親たちに、「やっぱり僕たち日本人は、他人の目とか世間体とか、それを基準にして自分を見てしまう」「そうじゃなくて、I（アイ）が中心だと」「私はどうなのか、私の家庭はこうする、私はこれが好きだ、私は○○したいとか」「LOVEの愛じゃないのよ、私のI（アイ）！」と答えています。相談した母親たちが尾木先生の言葉に、目が覚めたような、またとてもホッとしたような表情をしているのが印象的でした（NHKEテレ・ウワサの保護者会「わが家の食事　これでいいの!?」二〇一八年五月一二日放送）。

こんなんではダメなんじゃなかろうかと不安な時、誰かに「いいや、それでいいんだよ」と言ってもらえることは、とても心強いものです。なかでも「ちゃんとした」人たちがそう言っていくことは、やっつけてもやっつけてもあらわれるゾンビのような固定観念を少しずつでも変えていくための、大きな力となっていくはずです。

罪悪感もイマジナリー？

仕事と家庭を「ちゃんとして」両立しようとすると、さまざまな葛藤や困難があります。発達心理学の江上園子先生は、フルタイム勤務で子育て中の女性を対象に、仕事と家庭の両立における悩みを調査しました。一番多かった回答は「葛藤や困難はない」とした一九・二パーセントで、これがいろいろな制度や本人らの尽力の結果だと思うと、今後の社会に希望が持てるような気がします。しかし、次に多かったのは「子どもへの罪悪感」一五・四パーセント、「両立におけるプレッシャー」一四・九パーセントでした。実は、働いている母親が抱く子どもへの罪悪感については、国内外問わず多くの研究で報告されています。働く理由はいろいろながら、もっと母親らしいことをしなければいけないのに働いているためできず子どもに申し訳ない、働いていても家族のケア・ワークもしっかりとしなければならない、と思っている女性は少なくないのだとわかります。

けれど、子どものほうはどのように思っているのでしょうか？　母親たちが心配するように、母親が仕事をしていることで嫌な思いをしているのでしょうか？　公益財団法人・家計経済研究所による「現代核家族調査」で九歳から一八歳の子どもを対象に調査した研究では、意外な結果が報告されています。母親が仕事をしているばあい、「仕事をしている方がいい」と答えた子どもは七八・一パーセントもいました。母親が働くことをポジティブにとらえている子どもが圧倒的に多かったのです。子どもが、仕事をすることで母親が疲れている（疲れるだろう）と感じるのは、「実際に仕事をしている場合」で七八・一パーセント、「仕事をしていない場合」では八八・二パーセントでした。子どもは、母親が仕事をすることで、お母さんは疲れて大変だと心配していることがわかります。

母親が仕事をしていることで「さびしい思いをしている」子どもは一〇・六パーセント、「家事を手伝わなければならないので困る」と思っている子どもは一五・八パーセントでした。子どもは案外、さびしいとは思っておらず、家事などの手伝いも苦にはなっていないのです。つまり、多くの親が常日頃から思いがちな「母親が仕事をしていたら子どもがさびしく思うので申し訳ない」「家事の負担が大きくなって悪い」などは大人のイマジナリーな罪悪感だといっていいでしょう。子どものほうこそ、仕事と家事・育児に追われる母親を心配しており、自分たちに無用な罪悪感など抱かずにいてほしいと思っているのかもしれません。

個人が内包する社会通念としてのジェンダー規範

自分が固定観念として思いこんでいることや、本当のところはそうでもないのに抱えている余計な心配や罪悪感などが、日常生活のなかでこれほどまでにあることはけっこう驚きです。だとしたらジェンダーに関する意識とは、個人そのものが持っているものと個人が社会通念としてあると信じているもののあいだで、かなり差があるのかもしれないと考えました。

そこで、ゼミ生の小川虎太郎さんと、大学生を対象に、個人のジェンダー観と個人が考える社会通念としてのジェンダー規範とのズレについて検討しました。特に、ズレの大きさが男性と女性において異なるのか、ジェンダー観とともに自己主張との関連も含めて、複数の心理尺度による質問紙調査をしました。ジェンダー・アイデンティティや性差観、自己主張に関する質問項目について、①あなた自身の考えにあてはまるもの、②あなた自身ではなく、あなたが考える現在の社会全体としての考えにあてはまるもの、という二種類の回答形式を設定しました。

ジェンダー・アイデンティティについては、男性女性ともに、自分らしい生き方ができていると考えていました。その一方で、男性女性ともに「現在の社会では、女性は本当の自分らしく生きていくことが難しいと思われている」と考える人が多いことがわかりました。特に女性に対しては、社会から抑圧を受けているという印象が強く、当人としては自分らしい生き方ができていると考えていても、そのような周囲からの印象を内在化することで、逆に抑圧を受けてしまう可能性も示唆されました。

性差観については、男性女性ともに、個人としてはほとんど性差を意識していない一方で、「現在の社会では、男性／女性は○○と思われている」と考える人が多いことがわかりました。このことから、実際には相手が求めていないはずの男性らしさ／女性らしさを、社会的には必要であるとして自分から演じてしまっている、という状況もありうると考えられます。

自己主張については、男性と女性で異なる傾向が見られました。男性は「現在の社会では、自己主張をするべきであると思われている」と考えており、それを実行している一方で、女性は考えていても実行は男性ほどしていないことがわかりました。女性は、社会通念を忖度《そんたく》することで、周囲に対して同調的であり自己主張が難しくなっている可能性や、問題があるとわかっていても主張できずに黙認してしまっているようなことがあるのかもしれません。

この研究をおこなってあらためて痛感したことは、個人のジェンダー意識と、個人が内包している社会通念としてのジェンダー規範は、乖離しているのだということです。現代社会の多くの人は、自分のなかのイマジナリーなジェンダー規範に忖度して、個人として本当に考えている「男性らしさ／女性らしさ」「男性だって／女性だって」ということを抑えてしまっているのかもしれません。「いや、そうはいっても、やっぱり世間はね……」とあなたが思うその世間というやつは、もしかしたらあなたのイマジナリーなものであるのかもしれないということです。

みんなが本当はそう思ってはいないのに、みんなが「みんなはそう思っているのだろう」と思って行動していたら、結局、「そう思っている」ことが社会通念となります。そして、社会通念は個人の縛りとなります。誰も個人的にはそう思っていないことが、社会通念としてだけそう思っていることになっているとしたら、そんなバカバカしいことはありません。

こんな実証的な研究もあります。政治経済学のレオナルド・バーズティン先生らのグループは、サウジアラビアで介入実験をしました。サウジアラビアでは、妻が家庭外で働くことの決定権を夫が持っているそうです。妻が働くことに反対している夫に、その理由を尋ねました。すると多くの既婚男性は、個人的には妻が働くことに賛成であるにもかかわらず、周りの仲間の男性たちは反対だろうと思っているので、自分も妻を家庭外で働かせることはしない、という選択をしているのでした。そこで、実は多くの男性は妻が働くことには賛成しているのだ、と周知することで思いこみが是正されると、ならば妻を働かせてもよいと考える男性は増えたのです。

あなたの考えている世間とは、現実ですか？　もしかしたらイマジナリーなものではないですか？　社会や家族や周りの人から、本当に苦しめられている人もいるでしょう。ただ、ちょっとだけ立ちどまって、自分の「着ぐるみ」に目を向けてみてほしいのです。知らないうちにイマジナリーな固定観念や罪悪感や社会通念を、日々のあれこれにプロジェクションして、自分を苦しめてはいませんか？　もし、あなたに自分を苦しめている「着ぐるみ」があったなら、思いきってちょっと脱いでみませんか。日常で感じるさまざまなもやもやをきっかけに、あらためて考えてみるのもいいかもしれません。

イマジナリー・アザーズ　あの人に嫌われるようなことをしてしまったのかも

私の子どもはたまに「今日は友達と、なんだかうまく話せなかった。もしかしたら、なにかまずいことでもしちゃったのかなあ」などと気に病んでいます。そういう時は「うんうん、よくあるよね、そう思っちゃうこと」などと言いながら、子どもの話を聞いて、「それはあなたの気のせいなんじゃないの」とか、「たまたま機嫌が悪かったのかもね」「明日になったらまたいつもみたいになってるよ」などと慰めています。

ある時、友人の○○さんのことで深刻に悩んでいるようだったので、しっかり話を聞きました。すると、なにか具体的なトラブルがあって仲がこじれているわけではなく、いつもより冷たく感じるような態度だったので、もしかしたら自分がなにか嫌われるようなことをしてしまったのではないか、でもそれがなんだか全然わからないので考えていてもとてもつらい、というようなことでした。

私は、落ちこむ子どもの背中をさすりながら、あなたに思いあたるようなことがないなら、あなたがいくら考えてもしかたがなくて、どうしても気になるなら直接○○さんに聞くしかない、だって、あなたが考えていることはどうしたってあなたの想像でしかないんだから、それは現実にあった本当のことではないんだよ、などと言っているうちに、はたと気がつきました。

これは、プロジェクションだ、と。子どもは、自分が想像している○○さんの気持ちを、現実の○○さんに投射しているのです。そして、あたかも○○さんが本当にそう思っているかのように、思いこんで悩んでいるのです。

思わず子どもに「それって、あなたのネガティブなプロジェクションなんだよ！」と、興奮気味に先ほどの説明をしたら、「お母さん、またプロジェクション……」というような顔をされましたが（すまん）、「たしかに、そうかも」と憑き物が落ちたように納得していました。自分の悩みが、自分が想像したにすぎないものであって、現実には現実の対応があることに気がついたら、少し気持ちが楽になったようです。

自分が想像している○○さんのネガティブな感情は、現実の○○さんのものではないのですから、これはイマジナリーなネガティビティであり、イマジナリーな○○さん（他者）というわけです。その後、○○さんの態度については、やはり子どもの取り越し苦労であったそうですが、これをきっかけに○○さんとの距離感を変えてみるようにしたところ、うまくつきあえるようになったとのことです。

人とつきあう時には人の気持ちを考えなさい、と私たちは子どもの頃からたたきこまれています。「人の気持ちを考えない人」というのは悪口で使われるフレーズです。たしかに対人関係において、他者の気持ちを考えないとうまくいきません。しかし、考えすぎてもうまくいかないのです。現実世界に実在する他者と、自分のなかにいるイマジナリーな他者がごちゃごちゃになると、自分で自分を苦しめてしまうことも起こります。現実世界に実在する他者にとっても、自分が思ってもいないことを思っていると思いこまれてしまったら、はっきりいって迷惑です。他者の気持ちを考えすぎることは、自分のためにも他者のためにも、ほどほどにしたいものです。

このようなことがあって以来、子どもが同じようなことで心配しているような時は、「それって例のイマジナリーでネガティブなプロジェクションだね」と言ってみたり、子ども自身も「なんかまたあれこれ気になっちゃってるんだけど、これってイマネガ（略してる！）だよね」などと言って、肩の力を抜いています。

非合理的な思いこみと精神的な疲労

「あの人の機嫌が悪いのは、自分がなにか気にさわることをしたからに違いない」「私はあの人に嫌われているのではないか」などということがグルグルと頭を回っていると、とても疲れます。そういうことを自分が考えているだけで、実際のところは確かな根拠もないのであれば、それは非合理的な思いこみです。そのような思いこみの傾向と、対人関係における自己表現との関係から、精神的な疲労感について検討した研究があります。

発達心理学の吉村斉《ひとし》先生と小沢恵美子先生は、大学生を対象に、対人関係における自己表現の積極性と非合理的思いこみの関係について調査しました。「危険や害がありそうな時は深刻に心配するものだ」「危険が起こりそうな時、心配すれば、それを避けたり被害を軽くしたりできる」といったような非合理的な思いこみの傾向が強い人は、対人態度の不安が高いことがわかりました。一方で、合理的に思考していても、自己表現が消極的な人は、対人態度が不安定になる傾向がありました。精神的な疲労感は、非合理的な思いこみが強く自己表現も消極的な人でもっとも強くあらわれました。しかし、非合理的な思いこみが強い人であっても、自己表現が積極的にできる人は、対人関係の精神的疲労感を解消していくことが示唆されました。

対人関係で苦労していると思っている人や、過剰な疲労を感じている人は、決して少なくないでしょう。自分のなかのイマジナリーな他人に対する非合理的な思いこみに気づくことや、上手に自己表現ができるようにトレーニングすることなどは、対人関係の苦労や疲労を解消するための有効なスキルになると考えられます。

「気にしすぎ人見知り」は想像上の他者に起こる

新学期になり、新しい顔ぶれと接する機会の多くなった学生がこんなことを言っていました。

「初対面の人とならば気安く話せるけれど、顔見知り程度の知人や、友人の友人とかと話すのは緊張するのでストレスです」。本来、人見知りとは、初対面のようによく知らないような人に対して起こるものですが、どうもここでの人見知りは違うようです。よくよく聞いてみると、おたがいにまったく知らないわけではない、ちょっと知っているような間柄だと、あれこれ想像してしまえるので、話しながら気になってしまう、とのこと。

たしかに、初対面のようになんの情報もなければ、目の前に実在する他者とだけ向かい合えばいいわけですが、少しでも知っているばあいは、少ない情報から勝手にあれこれ考えてしまうことが可能です。ですから、「あの時のことはどう思っているのかな」「友人から私のことをどのように聞いているのかな」など、目の前に実在する他者に、自分のなかのイマジナリーな他者を重ね合わせてしまいがちです。

「顔見知り程度の知人たちとうまく話せない」「大勢の前で発表するのが苦手」「話している時に会話が途切れたら気まずい」など、そういうことをふだんから気にしている人もいるでしょう。そのような心理状態について、ゼミ生の相馬優香さんと、大学生を対象に研究をおこないました。状況別対人不安（発表・発言への不安／親しくはない相手への不安／異性への不安／会話のないことへの不安／目上の人への不安）と、他者意識（内的他者意識／外的他者意識／空想的他者意識）に関する質問紙調査をしました。それらの関係を検討したところ、「会話のないことへの不安」と「目上の人への不安」では、「内的他者意識」「外的他者意識」「空想的他者意識」のすべてに有意な相関がありました。「異性への不安」と有意な相関が見られたのは「内的他者意識」のみでした。「発表・発言への不安」と「親しくはない相手への不安」では、「空想的他者意識」にだけ強い相関が見られました。

この結果から、発表や発言することへの不安、それほど親しくはない相手への不安、会話の途切れや目上の人などへの不安が高い人は、自分のなかで他者のことをあれこれ想像する傾向が強いことがわかります。特に、空想的な他者意識とだけ強い関連が示された、発表や発言をしなければならない場面や、親しくはない相手と話す場面に不安を感じるという心理状態は、新学期に「顔見知り程度の知人と話すのがストレス」と愚痴っていた学生さんや、学校や職場でついてまわる発表や発言への苦手意識がある人たちにあてはまることでしょう。

私と相馬さんは、そんな人たちの心理状態について、イマジナリーな他者を「気にしすぎ人見知り」と名づけました。単純に見知らぬ人への不安からくる人見知りではなく、自分で他者についてあれこれ勝手に考えて気にしすぎるから、人見知りをしているというわけです。人見知りとは、実在する目の前の人にだけ起こるのではなく、想像上の他者に対する不安や緊張感を、実際の対人場面に投射してしまうプロジェクションによっても生じることが示唆されました。

私も、学会などで研究成果を発表するばあい、「このテーマにすごく詳しい人がいたらなんて言うだろう」「こんな質問が来たらどうしよう」「この考えはどう思われるのかな」などと勝手に考えてしまっている時が、いまだにもっとも緊張します。でもそれは、あらためて考えてみれば、具体的な誰かではなく、実際になにか言われている時でもなく、私のなかの漠然としたイメージの他者によってもたらされているのです。緊張やストレスといった精神的な疲労は、実際の状況だけではなく、自分のなかのイマジナリーな他者に起因することが少なくないのかもしれません。

イマジナリー・マウント　ホストやメン地下にハマる：私が彼の一番になる

最近、ホストクラブのホストや経営者、ライブハウスを中心に活動をおこなう男性アイドル「メンズ地下アイドル（メン地下）」やその運営関係者が逮捕されるという事件が、相次いで報道されています。たとえば、ホストクラブのホストが、飲食代金を立て替えた「売掛金」の回収のため、客の女性を威圧的に脅したうえで消費者金融に借り入れを申しこませたとして逮捕された事件や、女子高校生に酒を提供したとしてホストクラブ経営者が逮捕された事件、ライブハウスなどで活動しているメン地下の写真撮影会で男性アイドルに女子高校生の胸をさわらせたとして、芸能事務所の社長と役員が逮捕された事件などがあります。

これらの事件で注目されたのは、数十万から数百万という多額の料金と、お客である女性たちが一〇～二〇代と低年齢であることでした。先の事件で、ホストクラブで飲酒した女子高生は、同店で働いていた二〇代のホストに「ナンバーワンになるために毎日来てほしい」と言われホストクラブに通うようになったそうです。クラブ側が実施する年齢確認の際は、ホストから渡されたニセの身分証を使っていたとのことで、女子高校生がクラブで使った約一七〇万円は、ホストの指示により路上売春で稼いでいたというのです。

二〇二三年の一月には、警視庁少年育成課が「メン地下」への過剰な推し活について、「Twitter（現X）で注意を呼びかけています。警視庁少年育成課によると、メン地下はメジャーなアイドルに比べ、物理的に非常に距離が近いことから、精神的に未熟な年代が夢中になりやすいといいます。ライブ会場におけるチェキの撮影会では、その購入金額に応じたポイントが付与され、たまったポイント数に応じた特典を受けることができる仕組みがあります。なかには、一〇万～一〇〇万円以上の現金をつぎこまなければ得られない特典もあるのです。警視庁には、二〇二〇年頃からメン地下に関する相談が寄せられるようになり、二〇二二年中には相談件数が前年の約三倍に急増しました。年齢は一〇代後半が多いそうです。また、警視庁が検挙した違法な性風俗店で働いていた女子高校生のなかには、メン地下の応援のために働いているという少女が複数いたということです。

なぜ、少女たちはホストやメン地下にハマってしまうのでしょうか。少女たちがメン地下に夢中になる理由について、警視庁少年育成課は「相手は、優しく話を聞いてくれる、褒めてくれる。児童の寂しさを埋め、自己肯定感を高めてくれることが一因として挙げられます。保護者は平素から子どもとコミュニケーションを図り、何でも相談に乗れる関係性を構築することが大切だと考えます」と分析しています。これはホストに夢中になる理由としても同じことでしょう。

一昔前でしたら、ホストにハマるのはお金に余裕のある年配女性というイメージでした。お客とホストという関係に擬似恋愛をプロジェクションすることも、おたがいに十分承知していることが前提だったことでしょう。ところが、まだ恋愛経験が少なく人間関係も狭いような若い人であれば、恋愛を装って積極的に働きかけてくるホストやメン地下に対して本当に恋愛感情を抱いてしまうのも無理のないことです。一般的なアイドルなどとは異なり、直接会うこともできれば話すこともでき、お金をだせば少しの時間でもその人を独占できるとなれば、なんとかしてそうしたいと思うことでしょう。

プロジェクションの視点から見ると、ホストやメン地下へのいれこみは、お客とホスト／ファンとアイドルという関係に擬似恋愛を異投射しているといえます。これは、第二章で見てきた霊感商法とも共通した構図であると考えられます。対象に投射される表象が、呪いからの解放か恋愛関係かといった違いはありますが、プロジェクションの働きを利用することによって継続的に大金を搾取されるという点では同じです。霊感商法と同様に、ホストやメン地下の搾取対象となる女性は、彼女たちがそういうプロジェクションをするように、ホストやメン地下が、そして彼らを雇っている経営者や運営側が、うまく操っているのです。

擬似恋愛と競争と

しかしここでは、擬似恋愛と課金というプロジェクションの構図を考えるのではありません。ここで考えてみたいのは、ホストやメン地下にハマる擬似恋愛だけではない側面、お客／ファンのコミュニティ内での競争と他者へのマウンティングについてです。

前述の事件にもあったように、ホストのお客には、担当のホストの店での順位を上げる、という使命が課されます。課金額が大きいほどホストの順位は上がるので、お客はそのために店で多額の注文をします。実際にお金がなくても、借金をしたり売掛金として処理したりして工面をします。なぜそこまでして課金をするのか、もちろん自分の担当ホストをなんとかして応援したいという気持ちもありますが、お客同士の競争もあります。今月はお客として誰が一番お金を使ったのか、はっきりとわかるようになっています。一番お金を使ったお客がホストから一番いいあつかいをされるばかりでなく、お客同士のコミュニティのなかでも他者を差し置いて一番になれるというわけです。このような他者へのマウンティングは、通常であれば一対一でおこなわれるような恋愛の関係とは、一線を画した側面であるといえるでしょう。

メン地下にも、ファン・コミュニティでの競争があります。「推し」であるアイドルから応援してねと言われたら、自分の推しがデビューできるように応援したい、自分の推しがグループにいたなら、グループのなかでより人気のある存在にしたい、そんな動機で人気の指標となるグッズ購入などに多額の課金をします。しかし、競争とはそれだけではありません。ライブとともにおこなわれる撮影会や一緒に出かけられるようなオプションでは、課金の大小で推しをどれだけの時間、独占できるかが決まります。一番お金を使ったファンがコミュニティのなかでも他者から抜きんでて一番になり、推しを一番独り占めできるというわけです。このような課金やマウンティングも、そもそも一対一になるためにおこなわれているという点で、通常の恋愛関係とはかなり異なっています。

ホストやメン地下のような対象は、本来は自分の現実生活圏には存在していないという意味で、実在する人物ながらも非現実的な存在です。だからこそ、日常を離れたところでの楽しみや癒やしをもたらしてくれます。ゼミ生の田畑里菜さんと、「推し」のような非現実的な対象に感じるリアリティについて、そのファン・コミュニティの規模との関連から研究をしました。アニメやマンガのキャラクターのようなフィクションである二次元の推しがいる人と、アイドルやスポーツ選手のように実在する三次元の人物を推している人を対象に、推し活の内容と心理状態について詳細なインタビュー調査をおこないました。すると、推し対象が二次元か三次元かという差異は、推し活の種類へ実質的な制限をもたらすものの、課金額や時間、労力の違いにおいては、次元の差異よりも個人差のほうが大きいことがわかりました。また、ファン・コミュニティの規模については、推しのファン・コミュニティの規模が大きいばあい、推し活は「自分の楽しみのためにしている」という回答が多く見られました。一方で、ファン・コミュニティの規模が小さいばあい、課金などの推し活は「推しを応援するため」「推しに喜んでほしいから」という回答が見られました。

ファン・コミュニティの規模の大小によって対象との物理的な距離感が変化し、推しへ「現実に」干渉できる可能性や程度が変わるため、推しとの心理的な距離感も変わると考えられます。そのような物理的／心理的な距離感をファン本人が感知しているから、推しに対する意識や推し活の内容にも影響するのでしょう。そして、推し本人からファンに対して応援などの要請があったばあいは、ファン・コミュニティの規模にかかわらず、「推しのため」という意識が高まることも示唆されました。このことから、ファンが感じる推しのリアリティの強さとは、単に推し対象が二次元か三次元かということではなく、推し活をするファン・コミュニティのなかで感じる対象との物理的／心理的距離の近さや、対象からの直接的な働きかけと関連していると考えられます。

ホストやメン地下のお客／ファン・コミュニティは、いわゆるアイドルなどと比べてずっと小さいはずです。だからこそ、自分の行為がダイレクトに反映され、他のお客／ファンの行動もよく見えます。対象からの働きかけも個別になされるうえ、頻度や強度が高いでしょう。通常の推し活が、現実生活とのバランスをとりながら「自分のため」になされるのとは対照的に、ホストやメン地下へのいれこみは、本来は非現実である存在のリアリティが強いため現実世界が侵食され、「推しのため」の推し活になっているといえるのです。

「いま、そこにいない」ライバルたち

ホストやメン地下のお客／ファン・コミュニティがどれだけ小さいとはいっても、常に全員が顔を合わせているわけではありません。自分がお店に行っていない時、ライブや撮影会に行っていない時、ライバルたちが気になります。ライバルとは競争相手のことです。たとえば、ゲームなどをする時にひとりでプレイするばあいと競争相手がいるばあいとでは、競争相手がいるほうがゲームに熱中して楽しく感じることがわかっています。競争相手の存在は、ゲームに対する動機づけを増強させる要因となっているからです。

では、仮想的な競争相手とゲームをしている時には、どのような効果が見られるのでしょうか。認知科学の川合伸幸先生らのグループは、対戦ゲームをコンピュータ相手にひとりでプレ

イする状況と、実際はコンピュータ相手にひとりでプレイしているのですが「隣の人と対戦している」と教示された状況とで比較する実験をおこないました。参加者は、VR用のヘッドマウントディスプレイを被ってプレイしているので、実際は隣に対戦相手がいないことを知りません。ゲームのプレイと同時に、ゲームとは無関係の特定の音に対して反応するように指示しておいて、その正誤でゲームへの熱中度を測定しました。結果として、ふたつの条件ではまったく同じ状況でゲームをしているのに、ひとりプレイよりも、他者と対戦していると思いこんでいるほうが音への誤反応が多かったことから、よりゲームに熱中していることがわかりました。また、ゲーム後に主観的な感覚について調査したところ、暴力性や不満、難しさについては両条件で差がなかったものの、他者と対戦していると思いこんでいる条件では、興奮度や楽しさ、おもしろさが増大していました。

私たちはライバルがいるのだと思いこむだけで、対戦状況への興奮が高まり、そこに興味や快楽を見いだしていくのだと考えられます。ホストやメン地下への課金がどんどんヒートアップしていくのは、お店や会場で目の前にいるライバルだけでなく、お客／ファンというコミュニティを想定した「いま、そこにいない」イマジナリーなライバルに対するマウンティング合戦があるからこそ、といえるのかもしれません。

私と田畑さんの研究から示されたように、ホストのお客やメン地下のファンのような規模が大きくないコミュニティでは、物理的な距離感だけでなく心理的な距離感も近いのですから、コミュニティ内の他者への競争心も強くなると考えられます。仮想的な競争相手の人数と競争心の関係について、情報工学の北村泰彦先生らのグループがこんな研究をしています。実際のマラソン大会に参加していなくても、道路を走ることでマラソン大会のコースを走っているかのように感じさせる、仮想的なマラソン大会を体感できるシステムが開発されています。そのひとつのアプリを使用して、仮想マラソン大会においてどの程度の人数との競争が、ユーザーのモチベーションを高めるのかについて検討しました。競争相手の人数が一〇人、三〇人、五〇人、一〇〇人、一五〇人の五グループで比較実験をおこないました。各グループの実験参加者には指定したコースを走行してもらい、一周目にはアプリを用いず走行、二周目にはグループごとに競争相手を設定したアプリを用いて走行してもらいました。そして、二周目から一周目の走行時間を引いたタイム差について比較しました。結果は興味深いことに、競争相手の数が五〇人のばあい、それよりも競争相手が少ないばあいや多いばあいに比べて、一周目よりも二周目のほうで走行時間が短くなっていることがわかりました。五〇人程度の競争相手がいると思っている時が、もっとも競争心が刺激され、速く走ろうというモチベーションが高まっていると考えられます。

この研究で示唆された人数が、そのままホストのお客やメン地下のファンのコミュニティの規模にあてはまるわけではありませんが、多すぎず少なすぎずという人数が、仮想的なライバルに対する競争心を刺激していることは間違いないようです。ホストやメン地下は、イマジナリーな恋愛とイマジナリーなライバルというふたつのプロジェクションを弄びながら、少女たちから多額の課金を吸いあげているのです。

それってあなたの思いこみですよね？

第三章で見てきたさまざまな事例は、簡単に言ってしまえば「それってあなたの思いこみですよね？」というものばかりです。しかし、「いま、そこにない」出来事や物体や人物を自分の内部でイメージし、それを現実の出来事や物体や人物にプロジェクションすることで、あろうことか自分自身を苦しめてしまうことすらあることを、これらの事例は教えてくれます。

あらためて考えてみれば、そのような思いこみはまったく合理的ではありません。けれど私たち人間は、理屈や論理だけでなにかを選択したり判断しているわけではないのです。理屈や論理だけで、この雑多なノイズにあふれた現実世界の情報を処理して生きていくことはできません。そこで、認知の省エネとしていろいろな方略が使われています。起こった結果から仮説を立ててその原因を探るアブダクションや、物理的な接触なしに価値を付加したり、連想によって判断することは、現実世界の複雑な因果関係を理解したり、膨大な情報を逐一精査することなしに重要なものをピックアップできるような利点があります。社会通念を内在化したり、他者の気持ちや意図についてあれこれ考えたり、他者と競争することに興奮や楽しみを感じることは、大きな集団としての社会で生活する私たちにとって、なくてはならないこころの働きです。

合理的ではないけれど認知の負荷を軽減できるさまざまな認知の方略は、必ずうまくいくという保証はありません。時には、エラーや過剰な暴走が起こります。けれど、エラーや暴走の結果として生じた投射は、正解や通常走行の投射と同じように、現実世界へプロジェクションされてしまうのが厄介なところです。それが、正しいのかエラーなのか、自覚できないプロジェクションであれば、たしかめるすべもありません。

思いこみとは、着ぐるみのようなものだと言いました。着ぐるみを着ている自分の姿を、自分で見ることはできません。現実の出来事や物体や人物が自分を苦しめているかのようにプロジェクションしているだけで、本当に自分を苦しめているものは自分が作りだした表象、すなわちイマジナリー○○であるとは、思ってもいないのです。

自分を解放する「メタ・プロジェクション」

自分で自分を縛っている思いこみがあったなら、どうしたら解放されるのでしょうか。そのためには、自分がしているプロジェクションを俯瞰して、どのような表象がなにに投射されているのかを知る「メタ・プロジェクション」が重要だと考えます。

かつて私が、復職への罪悪感や葛藤を感じて苦しいと思っていた時、自分が「病気の子どものお母さん」はこうあらねばならないという表象を、なんとかしてキャリアを継続しようとする自分（対象）へ投射していました。そして、自分を苦しめているものがほかでもない、自分自身の持つジェンダー規範の思いこみであることに気がつきました。これは、いまだからこそ、このようなプロジェクションの枠組みで理解し、説明することができるものの、当時はそんなことはまったくわかっていませんでした。でも、自分と世界とのズレを感じ、なにがおかしいのかを考えることはできたのです。

では、どうしてそうすることができたのでしょう。それは夫や上司が、私とはまったく違うありようで、私の復職問題と向き合っていたからでした。向き合っている問題は同じはずなのに、彼らが考える私のありようには、母親としての罪悪感や葛藤が全然なかったのです。私は、どうしてこの罪悪感や葛藤をわかってくれないんだろう、いいよね、母親じゃない人はそんなんでさ、と思ったところで、ハッとしました。私は、自分が着ている思いがけない着ぐるみを、はじめて見たのです。自分では決して見ることのできなかった姿が、夫や上司という「鏡」に映ったことで。

たしかに、着ぐるみの姿を自分で見ることはできませんが、鏡に映せば見えます。先ほど「メタ・プロジェクション」とは、表象がどうとか対象がなんとか言いましたが、簡単にいえば、着ぐるみの自分を鏡に映してみることです。鏡は、日常のいろいろなところで不意にでくわしたり、誰かがあなたを鏡の前に連れていってくれたりします。自分でなんとなく違和感をおぼえたら、自分で鏡を探して映してみることだってできるでしょう。これを書いていて、私の子どもが友人とのイマジナリーなネガティビティで悩んでいた時に私がしたことは、子どもを「鏡の前に連れていく」ことだったのだな、と思いました。

自覚なきプロジェクションの操作性は低いですが、それがいったん自覚できたなら、プロジェクションを自分で操作することは可能なのです。「メタ・プロジェクション」は、プロジェクションの操作性を高めるために、とても有効な方法だといえるでしょう。

思いこみという着ぐるみは、ときに自分を守る鎧《よろい》でもあります。卑近な例で申し訳ないのですが、私は雑誌などの占いで書かれている「いいこと」だけをすごく信じるようにしています。占いで書かれていた「いいこと」のような出来事があれば、占いがあたったと思い、まだあたっていない「いいこと」も、きっとこれから起こるに違いないと思いこむようにしているのです。いまの例は、意識的なプロジェクションですが、無意識にしてもそのような思いこみで自分を守っているようなばあいは、それはそれでいいでしょう。

ただ、もし思いこみという着ぐるみが自分を苦しめているようなばあいがあったなら、どうかそっと、それを脱いでみませんか。脱いだら大変なことになるかもしれない、というのもイマジナリーな心配です。脱いでみて大変だったら、また着たらいいのです。着たり脱いだりしたっていいではないですか。着ている苦しみと脱いだ大変さ、どちらを選ぶのもあなた次第です。ただ、これしかないと思っているよりも、まずは選べることが、先へ進む力を生むのだと思います。

第四章　プロジェクションに取りこまれない

自分だけの物語を紡ぐ時

「人間は誰しも、自分の物語を作りながら生きています。そうでなければ、生きてゆけないのです」。作家の小川洋子さんは、中学三年生の国語教科書に寄せた随筆『なぜ物語が必要なのか』の最後を、このように締めています。小川さんは、人間が理屈では説明のつかない理不尽やいくら求めても答えのでない疑問などを、物語のかたちに変えて自分なりに受けとめることで、困難の多い人生を少しでも実り豊かなものにしようとしてきたのだと考えます。

マンガ家のよしながふみさんにプロジェクションの研究会へいらしていただいた時、物語が生まれる過程についてディスカッションをしました。よしながさんは、物語とは不条理な出来事を受け入れるために、秩序を正しくしたい気持ちからできるのではないかという仮説と、事故などでお子さんを亡くされた親御さんが新しい立法を訴えたりする事例をあげました。子どもを突然の事故で亡くすことは、耐えがたい不条理な出来事です。そのままでは、自分の子どもの死はただの不条理な出来事で終わってしまう、しかし、これをきっかけに二度とこのようなことが繰り返されないような法律ができれば、やり場のない想いも昇華できるという「物語」が、残された親御さんが生きていくためには必要なのだろう、とよしながさんは話してくれました。

神経心理学の山鳥重《やまどりあつし》先生は、「わかる」ということは、秩序を生むこころの働きであるといいます。そして、わかったという感情は、快感やこころの落ち着きを生む、と指摘します。たしかにそうであれば、わからないままでいることとは人間にとって不快なものであり、落ち着かない不安な状態であるといえるでしょう。

認知発達心理学のジェローム・ブルーナー先生は、「物語（narrative）」は人間が物事を理解したり思考する時の重要な枠組みになっていると指摘しています。そのような物語の特徴には、時間軸に沿って出来事を構造化すること、語られた出来事が事実か否かは問題ではないこと、物語の習得や実践はさまざまな他者を相手にした相互行為のなかでおこなわれること、などがあります。これらの特徴はまさに、これまで見てきたプロジェクションによって生まれた、さまざまなイマジナリー◯◯にもあてはまるといえます。

また、哲学のダニエル・デネット先生は著書『解明される意識』のなかで、自己と物語との関係をこのように表現しています。「私たちのお話は紡ぎ出されるものであるが、概して言えば、私たちがお話を紡ぎ出すのではない。逆に、私たちのお話の方が私たちを紡ぎ出すのである」。これは、私たちはプロジェクションによって自分だけの物語を作りだすことだけでなく、それに取りこまれてしまうことで起こる悲劇や苦しみの説明にもなるでしょう。

私たちは、自分をとりまく外界を見つめ、そこから自分の物語を作り、その物語を再び外界に投射します。プロジェクションというこころの働きによって、外界と自分の物語は重ね合わされ、こころと現実はひとつの意味のある世界となります。外界はただそこに在るだけでは意味を生みません。それをとらえた人のプロジェクションが重ね合わされることで意味を持つのです。世界に意味があるとしたら、そこにプロジェクションがなされているからです。

私たちは、現実世界を生きています。けれど、現実世界だけで生きていくことは、時になかなかしんどいものです。なんだか生きる力が減っていくばかりと感じるような時、プロジェクションが生みだすイマジナリーな世界があると、目の前の現実からほんの少し離れることができます。そして、離れることでひとときでも苦しみを忘れ、また生きる力がたまってくることもあります。

先の随筆で小川さんは、アンネ・フランクによる『アンネの日記』を読んで衝撃を受け、それからアンネに語るように、ノートにさまざまな自分の悩みを書き綴《つづ》ったといいます。作家になる原点となったそのような体験を通じて、小川さんはこう書いています。「彼女との間に交わした空想の友情が、どれほど私の救いになってくれたか知れません。当時、私にとっての親友は、自分なりにこしらえた物語の世界に住む、決して会うことのできない少女だったのです」。人間は生きてゆくために、どうにかして現実と折り合いをつけようとします。自分を現実につなぎとめるために、つかのま現実から離れるのです。そんな時に、プロジェクションが生みだす自分だけの物語は、大切な意味を持つのでしょう。

『北風と太陽』の旅人は上着を脱いだのか？　脱がされたのか？

本書では、意識的なプロジェクション／無意識的なプロジェクションについて考えてきましたが、実際の現象においては、そんなにきれいに分かれるわけではないことにも気づきます。ここまでにも何度か例としてだしていますが、落語やモノマネの鑑賞などでおこなわれているプロジェクションは、意識的なものと無意識的なもののあいだにあるようです。

そこに本物の蕎麦はないとわかっているけれど、噺家の仕草や道具立てによって、自分のなかで蕎麦に関する表象を再構成し、噺家の仕草や道具立てにそれを投射することで、噺家があたかも本当に蕎麦を食べているかのように見る／見えるというのが、ここでのプロジェクションです。また、目の前にはモノマネ芸人のコロッケさんしかいないとわかっているけれど、コロッケさんのモノマネによって自分のなかで美川憲一さんに関する表象を再構成し、目の前にいるコロッケさんのモノマネにそれを投射することで、コロッケさんが本物の美川憲一さんよりも美川憲一であるかのように見る／見えるというのも同様です。

これらのプロジェクションは、噺家やモノマネ芸人の技量も重要です。上手な噺家や芸人であれば、鑑賞者の表象は再構成するまでもなく的確に喚起されます。鑑賞者が目の前の噺家や芸人にそれをうまく投射できたなら、落語やモノマネを存分に楽しむことができるでしょう。それは、噺家やモノマネ芸人が情報の内容や配置といった状況を、仕草や道具立てや化粧や表情などで上手にコントロールしているからです。

そのように考えると、意識的なプロジェクションを他者に強要してもうまくいかない一方で、情報の内容や配置といった状況を制御できれば、他者に無意識的なプロジェクションをさせることは可能です。たしかに、第二章で見てきた霊感商法やオレオレ詐欺、陰謀論や戦争時のプロパガンダなどは、他者がある意図をもって情報と状況をコントロールすることによって、主体が無意識のうちになんらかのプロジェクションをするように仕向け、こころと行動を操っているのだといえます。

イソップ寓話《ぐうわ》にある『北風と太陽』のように、旅人の上着を脱がせるには、強風でむりやり剝ぎとろうとしてもうまくいかないけれど、太陽で照らして暑がらせることで自分から脱ぐようになるというわけです。この行為はプロジェクションとは関係がありませんが、他者が状況をコントロールすることで、他者の目的に向けて主体の能動的な行動を操っている例そのものです。私たちは自分で思っているよりも、自らの意思のみで判断したり決定するような能動的な行動は、案外に少ないのかもしれません。

曖昧な人間の私

これまでに見てきたさまざまな事例をふりかえってみると、人間のこころの曖昧で非合理的なことに、あらためて驚かされます。私たちは、たくさんの情報を整理してそれにもとづいて正確な判断をおこなっているようなつもりになっているだけなのかもしれません。実は、これまでの経験やいろいろな考え方のクセ、偏った情報の取りこみ方や固定観念などによって、なにかを判断したり選択したり、物事をとらえたりしていることがわかります。

第三章では、無意識におこなっているプロジェクションによって、自分自身を苦しめていることもあるという事例について考えてみました。これは第二章での事例とは異なり、明確な他者に状況がコントロールされて、無意識のプロジェクションが生じているわけではありません。けれども、社会や学校や家族などの影響も受けて形成された表象を投射しているわけですから、自分ではどのような表象を投射しているのかという自覚がないこともあるでしょう。自覚がないまま無意識に自分を縛っている「思いこみ」を、「着ぐるみ」にたとえてみたら、なんだかしっくりと腑《ふ》に落ちました。

物事に対するとらえ方や思いこみをプロジェクションの枠組みにあてはめてみた時に、学部生時代に臨床心理学の演習で学んだ「論理療法」を思いだしました。論理療法では、その人にとっての心理的な問題は「なにが起きたか」ではなく「それをどのようにとらえたか」によって起こりうるものである、と考えます。この論理療法の代表的な理論のひとつに、「ABC理論」があります。ABC理論とは、Activating events（出来事）、Belief（信念、認知）、Consequences（結果）の頭文字をとった言葉です。簡単にいえば、起きた出来事（A）はまったく同じでも、それをどのようにとらえるか（B）によって、結果（C）は変わってくるということです。

論理療法の提唱者であるアルバート・エリス先生は、B（信念、認知）を、「非合理的な信念」と「合理的な信念」に分けています。非合理的な信念としては、以下のようなものがあります。①「○○しなければならない、○○すべきである」と思いこむ、②「なにもかもうまくいかない」などと悲観的に思いこむ、③「失敗したらすごくバカにされる」などと事実でないことを思いこむ、④「これができなかったら、ほかのこともできない」などと非論理的に思いこむ、などです。

非合理的な信念を完全に払拭することはなかなか難しいですが、どうにかして解決するための有効な方法として「論駁《ろんばく》」と「効果（について考えること）」があげられています。この「論駁（Dispute）」と「効果（Effect）」の頭文字と、前述した「ＡＢＣ理論」を合わせて「ＡＢＣＤＥ理論」ともいわれています。

私は今回、論理療法のことを思いだす前に、子どもとこんなやり取りをしたことがありました。子どもが模試の結果を受けとって、国語の点数がかなり悪かったのでもうダメだ、このままずっと全体の成績が下がってしまったらどうしよう、とひどく落ちこんでいました。そこで私は、数学と英語を見てごらん、それらは前回と同様に良いのだからこのまま全体の成績が下がったりはしないと思うよ、大丈夫、と言いました。これは論理療法における「論駁」にあたります。それは、このように具体的で事実に沿った、いままでとは違う考え方をすることです。そして「効果」とは、論駁によって得られた信念や思考の変化を指します。子どもは「まあ、そう言われてみれば、たしかにそうだね。次また頑張ってみる」と言っていました。これは、論駁によってもたらされた思考の変化であり、効果だといえるでしょう。論理療法のことを思いだしてから、あらためてこのやり取りをふりかえってみると、まるで理論の例題として示される内容のようで、なんだかおかしくなってしまいました。

時間を超えた因果にヒトだけが悩む

文筆家の千野帽子《ちのぼうし》さんは著書『人はなぜ物語を求めるのか』で、ふたつの出来事のあいだの因果関係が読みとれるとストーリーが滑らかになるとし、それは出来事が「わかる」気がするからだと述べています。また、人間は不本意な状況に置かれると「なぜ（ほかのだれかではなく）私が？」と問うけれど、それは「理由」が知りたいのではなく「意味」を知りたいのではないか、と書いています。

これを読んだ時、自分が作りだす「物語」とプロジェクションに、高い親和性があることが「わかった」気がしました。プロジェクションとは世界を意味づけるこころの働きですから、意味を知るために作りだされる物語こそ求められるものなのでしょう。

私たちは、世界がでたらめに成り立っているのではなく、出来事にはなにか理由があって、その意味をとらえたいと考えているようです。そして、出来事の理由や意味が自分で「わかった」と納得できたなら、自分のこころと目の前の現実がひとつの世界として整合されるのでしょう。

出来事と出来事のあいだにある因果関係とは、原因とそれによって生じる結果との関係のことです。原因と結果は、時間的に非対称です。すなわち一般的には、原因は結果に先行して生じています。ただし、このような因果関係と時間軸の問題は、必ずしも一体ではありません。けれど、因果関係と時間軸のとらえ方は、いずれもある種の「期間」を含んでいるように見えること、また不可逆な先後関係があるように見えることから、両者はとても親和的であるといえます。このようなとらえ方は自然であり、ふだん特に疑問を抱くことはないでしょう。

第二章の対称性推論のところで少し触れましたが、ヒト以外の動物は「回顧的推論」といったような時間を遡って推測することをしません。結果として起こった出来事から、原因となった出来事について考えることはないのです。ところが、私たち人間は、結果として起こった出来事から、原因となった出来事について考えることばかりしているといっても過言ではありません。それは人間が、表象として時間軸を自在に操作できるからです。

「いま、ここにある」出来事を超えて、「いま、そこにない」出来事を考えることができるのは、私たちに過去や未来がイメージできるからなのです。物理的には決して戻ることはできない不可逆な時間の流れさえも、表象としてならば遡ることが可能です。物理的には絶対に見ることができない未来のありようを、表象としてならば想像することが可能です。

表象の時間軸を操作することで「いま、そこにない」イマジナリーな〇〇を作りだし、「いま、ここにある」現実にプロジェクションすることは、人間に特異的なこころの働きであると私は考えます。現在の自分の成功はあの時の挫折があるからこそ、とか、こんな悪いことがあったなら今度はなにか良いことがあるだろう、と思うことで救われたり、あの時こうしていればこんなひどいことにはならなかったのに、とか、いまでも大変なのにこれから先なんてもっとつらくなるに違いない、などと考えて悲観してしまうことは誰にでもあります。そんな非合理的で認知的誤謬でもある考えは、私たちを時に救済し、時に絶望させるでしょう。

私がかつて在籍していた京都大学霊長類研究所に、脊髄の炎症で寝たきりになってしまったレオというチンパンジーがいました。自力で動くことはできず、が襲います。ふつうならば、生きることに絶望してもおかしくない状態です。ところがレオは、痛みや空腹の苦しみを訴えることはあっても、すべてに無気力となるような絶望の様子はありませんでした。これは、チンパンジーのレオには「いま、そこにない」イマジナリーな苦難や恐怖はなく、「いま、ここにある」状況でのみ生きているからでしょう。レオは、研究所のスタッフが試行錯誤を重ねて作成したリハビリのプログラムに自発的に取り組み、数年後には二時間のセッションで五〇〇メートルも歩くまでに回復したのです。

人間であれば、なぜ自分がこんなことになるのか、身体が動かなくなったらどうやって生活すればいいのか、世話や迷惑をかけて心苦しい、などと思ってしまうはずです。しかし、ヒト以外の動物には、イメージのなかで時間軸を操作することができないため、「いま、そこにない」過去や未来について私たちのように考えることはありません。彼らは「いま、ここにある」目の前の現実だけを生きているのです。だからこそ、動物たちは過去の過ちや将来への不安に苦しめられることはありません。

郵便不正事件で冤罪《えんざい》を被り一六四日間の勾留《こうりゅう》を強いられる経験をした、元厚生労働事務次官の村木厚子さんは、比叡山《ひえいざん》の大阿闍梨《だいあじゃり》である酒井雄哉《ゆうさい》さんの著書『一日一生』に救われたといいます。「一日が一生と思って生きる」「身の丈に合ったことを毎日くるくる繰り返す」「千日回峰行も一日一日の積み重ね」という酒井さんの言葉に、それまで「いつまでこのつらい取り調べが続くのだろう」「いつまで勾留が続くのだろう」と不安にさいなまれていたのが、「とりあえず、今日だけがんばろう」という気持ちに切り替えることができたそうです。

あらためて考えてみると、私たちを悩ませるさまざまなものとはつまり、「いま、そこにない」ことを想像できるがゆえに生みだされる、イマジナリーでネガティブなあれこれなのではないでしょうか。「いま、そこにない」ことを想像して「いま、ここにある」現実へ投射する、プロジェクションというこころの働きが、人間である私たちを深く悩ませているのです。

答えのわからない状態に耐えうる力

あの時こうすればよかったのだろうか、これからどうなってしまうのだろうか、そのような問いに答えはありません。答えなど存在しないことを頭では理解していながら、それでも考えずにはいられないのが人間です。答えがわからないままでいることは不快で落ち着かない不安な状態なので、どうしてもなにかの答えを得て「わかった」気持ちになりたいのです。本書で見てきたさまざまな事例を引き起こす要因や、ハウツー本や動画などが重宝される背景には、そのような人間の傾向が強く影響しています。

それに思いいたった時、精神科医で作家でもある帚木蓬生《ははきぎほうせい》さんの著書『ネガティブ・ケイパビリティ　答えの出ない事態に耐える力』を思いだしました。「ネガティブ・ケイパビリティ（negative capability）」とは、性急に証明や理由を求めずに、不確実さや不思議さ、懐疑のなかにいることができる能力を意味します。もとは詩人のジョン・キーツが兄弟に宛てた手紙で使用した言葉だそうで、劇作家のシェイクスピアを論じた流れでできたとのことです。帚木さんはまだ駆けだしの精神科医であった時に、それに言及している医学論文を読んではじめてネガティブ・ケイパビリティという言葉を知ったそうで、この論文ほど心揺さぶられた論考は古《こ》稀《き》にいたった執筆当時までないといいます。

帚木さんは、私たちの人生や社会は、どうにも変えられない、とりつくすべもない事柄に満ち満ちているからこそ、ネガティブ・ケイパビリティが重要になってくると考えます。簡単には解決できない宙ぶらりんの状態に耐え、苦しくてわけがわからないまま、それでも自分でなにかをつかみとろうとすることが、現実世界で生きてゆくということなのかもしれません。本書で見てきたさまざまなネガティブ事例とは、つまるところ「他者が／自分が作りだしたイマジナリー○○というプロジェクションに自分が取りこまれてしまった」結果なのだとしたら、答えがわからない居心地の悪さを受け入れ、それでも自分で現実について考える苦しさを回避しないことが、プロジェクションに取りこまれないためには大切なのではないでしょうか。

プロジェクションで深まる世界

あなたをとりまくモノや出来事は、あなたのプロジェクションによって「意味」を持ちます。プロジェクションで意味づけられたモノや出来事は、それらが存在する現実にイメージを付加することで、あなたの見ている世界を立体的に立ちあがらせます。モノや出来事に投射される表象は、想い、価値観、解釈、仮説、希望、後悔、意識、無意識……言葉にならないもやもやしたものを含めた、人間のあらゆる認知活動です。あなたの世界は、数えきれないほどのあなたのプロジェクションで彩られています。

前作『「推し」の科学』では、プロジェクションというこころの働きがもたらすポジティブな効果について考えました。他者を一生懸命に応援すること、既存の物語から新たな物語を生成すること、いまだ解明されていない真理の探究、個人の信心から世界的な宗教への発展、絵画のモチーフが内包する多くのメタファ、時間と手間をかけて育成する喜び、演者と観客の相互作用、未来の文化への投資、ぬいぐるみとの豊かな時間、モノを介して飛躍する自己と拡張する身体、投射で救済されること、個性や価値観の多様性など、私たちのいろいろなありようにプロジェクションが深く関わっていることを見てきました。ファン活動、科学研究、宗教、芸術、文化など、どれも私たちの人生や生活をより豊かに潤してくれるものばかりです。それはいうなれば、自分自身の生きる力を推進してくれるような、ポジティブなこころの働きでした。

しかし、本書で見てきたプロジェクションとは、そうではありません。プロジェクションというこころの働きがもたらす功罪は表裏一体です。良いプロジェクションと悪いプロジェクションがあるわけではないのです。プロジェクションによる効果が、その人にとってポジティブなばあいもネガティブなばあいもあるということです。功罪が表裏一体というよりも、グラデーションのようなものでしょう。本書でとりあげたさまざまな事例が示していたように、現実と非現実／主体と対象のバランスがとれている時と崩れている時、プロジェクションを意識している時と意識できない時で、プロジェクションの効果は違っていました。そして、効果がその人にとってポジティブに作用するのかネガティブに作用するのか、個人によってはもちろん、社会や時代によって変化するばあいもありました。

人間は、自らをとりかこむ物理的な世界をより深く豊かにするために、プロジェクションというこころの働きを備えています。私たちは、モノの世界のなかでただ受け身的に生きているのではありません。私たちは、プロジェクションによって、モノの世界を自分で意味づけて生きています。それは個人のなかで、あるいは他者や社会で共有されて、時間や空間を超えながらどこまでも広がっていくことができます。そして、プロジェクションは、人間だけにもたらされる救いや絶望ともなるのです。

私が本書で提供したプロジェクションというメガネを通して、自分や他者や社会を見てみたら、これまで見えなかったものが見えてきましたか？　自分と自分をとりまく世界のイマジナリーなネガティブのあれこれに気づき、これまでのあなたとは違うとらえ方や考え方で少しでもあなたが楽になれたなら、これ以上の喜びはありません。

あとがきにかえて

二〇二三年三月、プロジェクションの提唱者である鈴木宏昭先生の唐突な訃報を受けた瞬間からずっと、私は深い孤独と強い絶望に苛まれています。プロジェクションについてもっとも熱く話せる人を永久に失ってしまった孤独と、プロジェクション研究はいよいよこれからだ！というところで旗手がいなくなってしまった絶望です。この一年数ヶ月のあいだに「鈴木先生、私はどうしたらいいのでしょうか」と何十回呟《つぶや》いたかわかりません。

鈴木先生は、当時まだ一〇歳にもならないうちの子どもの一番年上の友達でした。先生にとっても一番年下の友達だったと思います。ふたりは本当によくおしゃべりしていました。子どもは学会や研究会で、先生に会えることをすごく楽しみにしていました。先生の所属大学の近く、表参道で手をつないで歩いていたふたりの後ろ姿をよく思いだします。その時は、こんなことがこれからいくらでもあるのだろうと、写真を撮ることなど思いつきもしなかったのですが、いまとなっては悔やまれます。一枚でも、あの姿を残せていたらよかった。

鈴木先生の訃報の数日後、ＮＨＫの生放送にでる機会がありました。推しがテーマだったので、プロジェクションについて話せるかは直前までわからなかったのですが、私があまりにもしつこく言ったためか、「プロジェクション」の言葉と説明をテロップでだしてもらえました。ゴールデンタイムの全国放送で「プロジェクション」が報道された！と私は本当に嬉しくて、でもそれを真っ先に伝えて分かち合いたい鈴木先生が、もういない。それが本当に悔しくて、帰り道で声を殺してものすごく泣きました。

プロジェクションを最初に知った時、私がずっと興味を持っていたことって、これだよ！と衝撃を受けました。あてもなく探していたものが、突然鮮やかに姿をあらわしたような、強烈な出会いでした。そんなテーマに巡り合えたことは、研究者として本当に幸せです。鈴木先生と「プロジェクション・サイエンス」というプロジェクションを共有できてよかった。

このたび本書を執筆する機会をいただいたことで、孤独と絶望からほんの少し、立ちあがることができました。いまはまた、前を向いていけるような気がしています。

ありったけの感謝をこめて、この本を鈴木宏昭先生へ捧げます。
もっともっと、プロジェクションの話がしたかったです、先生。

主要参考文献一覧

第一章

「4℃社長『SNSイメージから離れてジュエリー見て』名前隠した『匿名宝飾店』営業」、「ビジネスインサイダー」二〇二三年九月二一日記事 https://www.businessinsider.jp/post-275600
法務省 法務総合研究所（編）『令和5年版犯罪白書』法務省、二〇二三年
金政祐司、荒井崇史、島田貴仁、石田仁、山本功「親密な関係破綻後のストーカー的行為のリスク要因に関する尺度作成とその予測力」、『心理学研究』第八九巻、二〇一八年、一六〇―一七〇ページ
久保（川合）南海子『「推し」の科学 プロジェクション・サイエンスとは何か』集英社新書、二〇二二年
向居暁、笠岡美里「アンチファン態度とアンチファン行動の関連性」、『県立広島大学地域創生学部紀要』第一号、二〇二二年、一〇一―一三三ページ
「『4℃』のヨンドシーが匿名宝飾店 ブランドあえて隠す」、『日本経済新聞』二〇二三年九月二二日記事
島田貴仁「ストーキングの被害過程」、『刑法雑誌』第五五巻、二〇一六年、四五九―四七〇ページ
鈴木宏昭「プロジェクション科学の展望」、『二〇一六年度日本認知科学会第三十三回大会発表論文集』日本認知科学会、二〇一六年、二〇―二五ページ
鈴木宏昭「プロジェクション・サイエンスへの誘い」、『プロジェクション・サイエンス 心と身体を世界につなぐ第三世代の認知科学』近代科学社、二〇二〇年、Ⅲ―Ⅷページ
鈴木宏昭「プロジェクション・サイエンスの目指すもの」、『プロジェクション・サイエンス 心と身体を

世界につなぐ第三世代の認知科学』近代科学社、二〇二〇年、第一章、一―三八ページ
鈴木宏昭『私たちはどう学んでいるのか　創発から見る認知の変化』ちくまプリマー新書、二〇二二年
鈴木宏昭、川合伸幸『心と現実　私と世界をつなぐプロジェクションの認知科学』幻冬舎新書、二〇二四年
「炎上商法とは？　メリット・デメリット。成功事例や末路は？」、「シンクアド」二〇二三年五月一八日記事　https://syncad.jp/interview/53703/

第二章

Denburg, N. L., Tranel, D., & Bechara, A. (2005). The ability to decide advantageously declines prematurely in some normal older persons. *Neuropsychologia*, 43(7), 1099-1106.
Epley, N., Akalis, S., Waytz, A., & Cacioppo, J. T. (2008). Creating social connection through inferential reproduction: Loneliness and perceived agency in gadgets, gods, and greyhounds. *Psychological Science*, 19, 114-120.
秦正樹『陰謀論　民主主義を揺るがすメカニズム』中公新書、二〇二二年
八田武俊、八田純子、岩原昭彦、永原直子、堀田千絵、伊藤恵美、八田武志「高齢者の信頼感に関する研究」、『人間環境学研究』第九巻、二〇一一年、九―一二ページ
服部雅史「推論に関する対称性、対称性に関する推論」、『月刊言語』第三七巻第三号、大修館書店、二〇〇八年、四―五ページ

服部雅史、山﨑由美子「対称性と双方向性の認知科学：特集「対称性」の編集にあたって」、『認知科学』第一五巻、二〇〇八年、三一五―三二二ページ

ヒトラー・アドルフ（著）、平野一郎、将積茂（訳）『わが闘争』角川文庫、一九七三年

今井むつみ「語彙習得理論は何を説明しなければならないのか：30年の軌跡を振り返って」、『認知科学』第三一巻、二〇二四年、八―二六ページ

Imai, M., Murai, C., Miyazaki, M., Okada, H., & Tomonaga, M. (2021). The contingency symmetry bias (affirming the consequent fallacy) as a prerequisite for word learning: A comparative study of pre-linguistic human infants and chimpanzees. *Cognition*, 214, 104755. https://doi.org/10.1016/j.cognition.2021.104755

今井むつみ、岡田浩之「特集『対称性』へのコメンタリー：言語の成立にとって、対称性はたまごかにわとりか」、『認知科学』第一五巻、二〇〇八年、四七〇―四八一ページ

川合伸幸、久保（川合）南海子「ヒトと動物の回顧的推論について」、『認知科学』第一五巻、二〇〇八年、三七八―三九一ページ

警察庁・組織犯罪対策第二課・生活安全企画課「令和4年における特殊詐欺の認知・検挙状況等について（確定値版）」二〇二三年、https://www.npa.go.jp/bureau/criminal/souni/tokusyusagi/tokushusagi_toukei2022.pdf

紀藤正樹『決定版　マインド・コントロール』アスコム、二〇一七年

小林誠「小林・益川理論はどのようにして生まれたのか」、『総研大ジャーナル』第二号、国立大学法人総

合研究大学院大学、二〇〇二年、二二一―二二五ページ
Kobayashi, M., & Maskawa, T. (1973). CP-violation in the renormalizable theory of weak interaction. *Progress of Theoretical Physics*, 49(2), 652-657.
黒澤明『蝦蟇の油　自伝のようなもの』岩波書店、一九八四年
Maule, A. J., Hockey, G. R., & Bdzola, L. (2000). Effects of time-pressure on decision-making under uncertainty: changes in affective state and information processing strategy. *Acta Psychologica*, 104(3), 283-301.
物江潤『デマ・陰謀論・カルト　スマホ教という宗教』新潮新書、二〇二三年
モレリ・アンヌ（著）、永田千奈（訳）『戦争プロパガンダ　10の法則』草思社、二〇〇二年（Morelli Anne, *Principes élémentaires de propagande de guerre*, Editions Aden - Bruxelles; Enlarged edition, 2010）
永岑光恵、原塑、信原幸弘「振り込め詐欺への神経科学からのアプローチ」、『社会技術研究論文集』第六巻、二〇〇九年、一七七―一八六ページ
中野昌宏、篠原修二「対称性バイアスの必然性と可能性：無意識の思考をどうモデル化するか」、『認知科学』第一五巻、二〇〇八年、四二八―四四一ページ
仁平義明「勧誘の嘘とだまし」、箱田裕司、仁平義明（編）『嘘とだましの心理学　戦略的なだましからあたたかい嘘まで』有斐閣、二〇〇六年、三五―五二ページ
西田公昭『マンガでわかる！　高齢者詐欺対策マニュアル』ディスカヴァー・トゥエンティワン、二〇一六年

西田公昭『なぜ、人は操られ支配されるのか』さくら舎、二〇一九年

西田公昭（監修）『マインド・コントロールの仕組み』カンゼン、二〇二三年

Orasanu, J., & Connolly, T. (1993). The reinvention of decision making. In G. A. Klein, J. Orasanu, R. Calderwood & C. E. Zsambok (Eds.), *Decision making in action: Models and methods* (pp. 3-20). Ablex Publishing.

Ozono, H. & Sakakibara, R. (2023). The moderating role of reflective thinking on personal factors affecting belief in conspiracy theories, *Applied Cognitive Psychology*. https://onlinelibrary.wiley.com/doi/pdf/10.1002/acp.4142

左巻健男『あなたもだまされている　陰謀論とニセ科学』ワニブックスＰＬＵＳ新書、二〇二二年

佐藤眞一『あなたのまわりの「高齢さん」の本　高齢者の心理がわかる１１２のキーワード』主婦と生活社、二〇二二年

鈴木宏昭『認知バイアス　心に潜むふしぎな働き』講談社ブルーバックス、二〇二〇年

田崎基『ルポ　特殊詐欺』ちくま新書、二〇二二年

戸田山和久『「科学的思考」のレッスン　学校で教えてくれないサイエンス』ＮＨＫ出版新書、二〇一一年

友永雅己「チンパンジーにおける対称性の（不）成立」、『認知科学』第一五巻、二〇〇八年、三四七―三五七ページ

Tomonaga, M., Matsuzawa, T., Fujita, K., & Yamamoto, J. (1991). Emergence of symmetry in a visual conditional discrimination by chimpanzees (*Pan troglodytes*). *Psychological Reports*, 68 (1), 51-60.

Toriumi, F., Sakaki, T., Kobayashi, T., & Yoshida, M. (2024). Anti-vaccine rabbit hole leads to political representation: the case of Twitter in Japan. *Journal of Computational Social Science*, https://doi.org/10.1007/s42001-023-00241-8

辻健一郎、御手洗彰、棟方渚「特殊詐欺の実音声を用いた被疑者の発話情報の調査と分析」、『第三十五回人工知能学会全国大会論文集』人工知能学会、二〇二一年、3J1-GS-6a-01

ユージンスキ・ジョゼフ・E（著）、北村京子（訳）『陰謀論入門　誰が、なぜ信じるのか？』作品社、二〇二二年（Uscinski, Joseph E. *Conspiracy theories: A primer*, Rowman & Littlefield Pub Inc, 2020）

「『頭の良い人』は陰謀論にハマるか、学術誌に論文が掲載…『面白くない』研究結果は心理学者を奮い立たせた」、「讀賣新聞オンライン」二〇二三年一一月三日記事　https://www.yomiuri.co.jp/national/20231101-OYT1T50199/

第三章

阿部慶賀「魔術的伝染の減衰様相－魔法を解くのは人、呪いを解くのは時間－」、『二〇二三年度日本認知科学会第四十回大会発表論文集』日本認知科学会、二〇二三年、一七―二〇ページ

荒川裕美、小牧元「一般大学生における摂食障害傾向と強迫傾向および認知のゆがみの関連性の検討」、『心身医学』第四九巻、二〇〇九年、七〇六ページ

Bursztyn, L., González, A. L. & Yanagizawa-Drott, D. (2020). Misperceived social norms: Women working outside the home in Saudi Arabia. *American Economic Review*, 110(10), 2997-3029.

江上園子「乳幼児を持つフルタイム勤務女性の葛藤とその解決ならびに心理的 well-being」、『白梅学園大学・短期大学紀要』第五六号、二〇二〇年、一―一四ページ
長谷川洋子、橋本宰、佐藤豪「対人関係における基本的構えが摂食障害傾向およびボディ・イメージの歪みに与える影響」、『健康心理学研究』一二巻二号、一九九九年、一二―二三ページ
Hood, B. M. & Bloom, P. (2008). Children prefer certain individuals over perfect duplicates. *Cognition,* 106, 455-462.
「家庭料理はごちそうでなくていい。ご飯とみそ汁で十分。土井善晴さんが『一汁一菜』を勧める理由」、「ハフポスト」二〇一七年三月二五日記事 https://www.huffingtonpost.jp/2017/03/23/yoshiharu-doi-ichijyu-issai-2_n_15561352.html
小鷹研理『からだの錯覚 脳と感覚が作り出す不思議な世界』講談社ブルーバックス、二〇二三年
国土交通省 不動産・建設経済局 不動産業課「宅地建物取引業者による人の死の告知に関するガイドライン」二〇二一年 https://www.mlit.go.jp/report/press/content/001426603.pdf
久保（川合）南海子「ジェンダーの地平と多様性」、『学術会議叢書29 人文社会科学とジェンダー』第三部―2、日本学術協力財団、二〇二二年、二九七―三〇九ページ
牧野百恵『ジェンダー格差 実証経済学は何を語るか』中公新書、二〇二三年
松本聰子、佐々木直、熊野宏昭、久保木富房、野村忍、坂野雄二、成尾鉄朗、野添新一「摂食障害のサブタイプにおける認知的障害の程度は同じか?：認知行動理論からの検討」、『心身医学』第四一巻、二〇〇一年、五二九―五三七ページ

三村悠「摂食障害と神経心理学的所見」、『神経心理学』第三五巻、二〇一九年、二〇七―二一四ページ
森田鈴香、山中健太郎「女子大学生における自己の身体イメージの知覚的歪みと認知的歪み」、『昭和女子大学 学苑・生活科学紀要』八七八号、二〇一三年、二二一―二二七ページ
永井暁子、盧回男、御手洗由佳「女性就業の増加と子ども・家庭生活への影響」、『季刊家計経済研究』一一四号、二〇一七年、六九―七四ページ
仲真紀子、久保（川合）南海子（編著）『女性研究者とワークライフバランス　キャリアを積むこと、家族を持つこと』新曜社、二〇一四年
中西裕也「仮想マラソンにおける競争相手の人数と運動促進の関係に関する研究」、関西学院大学大学院理工学研究科情報科学専攻北村泰彦研究室修士論文要旨、二〇一六年
中野円佳『「育休世代」のジレンマ　女性活用はなぜ失敗するのか?』光文社新書、二〇一四年
中田龍三郎、川合伸幸「社会的な存在―他者―を投射する」、『プロジェクション・サイエンス　心と身体を世界につなぐ第三世代の認知科学』近代科学社、二〇二〇年、第六章、一三九―一五七ページ
Nemeroff, C., & Rozin, P. (1994). The contagion concept in adult thinking in the United States: Transmission of germs and of interpersonal influence. *Ethos, 22,* 158-186.
小野哲雄「プロジェクション・サイエンスがＨＡＩ研究に理論的基盤を与える可能性」、『プロジェクション・サイエンス　心と身体を世界につなぐ第三世代の認知科学』近代科学社、二〇二〇年、第五章、一一四―一三八ページ
関谷直也「震災5年目の風評被害」、『心理学ワールド』第七二号、日本心理学会、二〇一六年、一九―二

一ページ
シニア・ジェニファー（著）、高山真由美（訳）『子育てのパラドックス　「親になること」は人生をどう変えるのか』英治出版、二〇一五年（Senior Jennifer, *All Joy and No Fun: The Paradox of Modern Parenthood*, Ecco, 2014）
鈴木淳子「ジェンダー役割不平等のメカニズム―職場と家庭―」、『心理学評論』第六〇巻、二〇一七年、六二―八〇ページ
Toyama, N. (1999). Developmental changes in the basis of associational contamination thinking. *Cognitive Development*, 14, 343-361.
外山紀子「魔術的な心からみえる虚投射・異投射の世界」、『プロジェクション・サイエンス　心と身体を世界につなぐ第三世代の認知科学』近代科学社、二〇二〇年、第七章、一五八―一七五ページ
「メン地下にハマる少女たち――注意したい『推し活』の落とし穴　#こどもをまもる」、「Yahoo!ニュースオリジナル」二〇二三年三月一日記事　https://news.yahoo.co.jp/special/underground_idols/
吉村斉、小沢恵美子「対人行動における自己表現と非合理的思い込みの関係」、『高知学園短期大学紀要』第三二巻、二〇〇一年、一―九ページ
財団法人家計経済研究所（編）『新　現代核家族の風景　家族生活の共同性と個別性』大蔵省印刷局、二〇〇〇年
財団法人家計経済研究所（編）『現代核家族のすがた　首都圏の夫婦・親子・家計』家計経済研究所研究報告書 no.4、家計経済研究所、二〇〇九年

第四章

ブルーナー・ジェローム（著）、岡本夏木、仲渡一美、吉村啓子（訳）『意味の復権　フォークサイコロジーに向けて（新装版）』ミネルヴァ書房、二〇一六年（Bruner Jerome, *Acts of Meaning: Four Lectures on Mind and Culture* (The Jerusalem-Harvard Lectures), Harvard University Press, 1990）

千野帽子『人はなぜ物語を求めるのか』ちくまプリマー新書、二〇一七年

デネット・ダニエル・C（著）、山口泰司（訳）『解明される意識』青土社、一九九八年（Dennett, Daniel C. *Consciousness Explained*, Back Bay Books, 1992）

帚木蓬生『ネガティブ・ケイパビリティ　答えの出ない事態に耐える力』朝日選書、二〇一七年

村木厚子「毎日はじめまして：なつかしい一冊」、『ハルメク』二〇二四年六月号、ハルメク、二〇二四年、一三三ページ

小川洋子「なぜ物語が必要なのか」、『伝え合う言葉　中学国語3』教育出版、二〇二一年、二一一―二一七ページ

Sakuraba, Y., Tomonaga, M., & Hayashi, M. (2016). A new method of walking rehabilitation using cognitive tasks in an adult chimpanzee (*Pan troglodytes*) with a disability: a case study. *Primates*, 57, 403-412.

山鳥重『「わかる」とはどういうことか——認識の脳科学』ちくま新書、二〇〇二年

URLの最終閲覧日：二〇二四年六月末日

久保(川合)南海子（くぼ(かわい)なみこ）

一九七四年東京都生まれ。日本女子大学大学院人間社会研究科心理学専攻博士課程修了。博士（心理学）。日本学術振興会特別研究員、京都大学霊長類研究所研究員、京都大学こころの未来研究センター助教などを経て、現在、愛知淑徳大学心理学部教授。専門は実験心理学、生涯発達心理学、認知科学。著書に『「推し」の科学　プロジェクション・サイエンスとは何か』（集英社新書）、『女性研究者とワークライフバランス　キャリアを積むこと、家族を持つこと』（新曜社）ほか多数。

イマジナリー・ネガティブ

認知《にんち》科学《かがく》で読《よ》み解《と》く「こころ」の闇《やみ》

集英社新書一二三二G

二〇二四年九月二二日　第一刷発行

著者……久保《くぼ》(川合《かわい》)南海子《なみこ》

発行者……樋口尚也

発行所……株式会社集英社

東京都千代田区一ッ橋二―五―一〇　郵便番号一〇一―八〇五〇

電話　〇三―三二三〇―六三九一（編集部）

〇三―三二三〇―六〇八〇（読者係）

〇三―三二三〇―六三九三（販売部）書店専用

装幀……原　研哉

印刷所……大日本印刷株式会社　TOPPAN株式会社

製本所……ナショナル製本協同組合

定価はカバーに表示してあります。

ISBN 978-4-08-721332-4 C0240

Printed in Japan

首里城と沖縄戦　最後の日本軍地下司令部
保坂廣志　1220-D
20万人が犠牲となった沖縄戦を指揮した首里城地下の日本軍第32軍司令部壕。資料が明かす戦争加害の実態。

化学物質過敏症とは何か
渡井健太郎　1221-I
アレルギーや喘息と誤診され、過剰治療や放置されがちな〝ナゾの病〟の正しい理解と治療法を医師が解説。

限界突破の哲学　なぜ日本武道は世界で愛されるのか？
アレキサンダー・ベネット　1222-C
剣道七段、なぎなたなど各種武道を修行した著者が体力と年齢の壁を超える「身体と心の作法」を綴る。

教養の鍛錬　日本の名著を読みなおす
石井洋二郎　1223-C
『善の研究』や『君たちはどう生きるか』など「読んだふり」にしがちな教養書六冊を東大教授が再読する。

秘密資料で読み解く　激動の韓国政治史
永野慎一郎　1224-D
金大中拉致や朴正煕大統領暗殺、大韓航空機爆破事件、ラングーン事件など民主化を勝ち取るまでの戦いとは。

贖罪　殺人は償えるのか
藤井誠二　1225-B
己の罪と向き合う長期受刑者との文通から「償い」「謝罪」「反省」「更生」「贖罪」とは何かを考えた記録。

ハマスの実像
川上泰徳　1226-A
日本ではテロ組織というイメージがあるハマス。本当はどんな組織なのか、中東ジャーナリストが解説。

日韓の未来図　文化への熱狂と外交の溝
小針 進／大貫智子　1227-B
韓国文化好きが増えれば、隣国関係は改善するのか。文化と政治という側面から日韓関係の未来を追う。

落語の人、春風亭一之輔　〈ノンフィクション〉
中村 計　1228-N
希代の落語家へのインタビューの果てに見えたものとは。落語と人間がわかるノンフィクション。

ナチズム前夜　ワイマル共和国と政治的暴力
原田昌博　1229-D
ワイマル共和国という民主主義国家からなぜ独裁体制が生まれたのか。豊富な史料からその実態が明らかに。

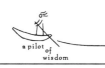